JN127923

編／日本都市計画学会 都市空間のつくり方研究会

小さな空間から
都市をプランニングする

編著／武田重昭・佐久間康富・阿部大輔・杉崎和久
著／松本邦彦・髙木尚哉・有田義隆・栗山尚子・石原凌河・片岡由香
白石将生・吉田 哲・山崎義人・松宮未来子・片桐新之介・南 愛・穂苅耕介

学芸出版社

はじめに　なぜ小さな空間から都市をプランニングするのか

小さな空間のリアリティ

都市への多様なアプローチによって魅力的な空間が増えてきた。プレイスメイキングやタクティカル・アーバニズムといった空間の質に働きかける試みや、エリアマネジメントやリノベーションまちづくりなどのエリアで空間を管理運営する仕組みによって、個々の空間の質が高められ、うまくマネジメントされはじめている。都市にある小さな空間の一つひとつが魅力を持ち、私たちの暮らしに豊かな時間をもたらしてくれているという実感がある。

大きな都市のつくり方

このような小さな空間の実感は、そこに身をおいたときには確かなものである。しかし、断片的な体験だけでなく、都市でのトータルな暮らしの豊かさや充実感を得るには、それだけでは不十分だ。私たちは目の前の小さな空間にはリアルな魅力を感じている一方で、大きな都市の存在は遠く見えにくいものになり、不信や諦めを感じてしまっているのではないだろうか。

人口減少や低成長の時代のなかで社会の先行きが不透明になっていることに加え、加速するボーダレス化やＡＩ技術の進展などは、これまでの社会の常識を大きく覆す可能性を示しはじめており、都市の未来を描くことはますます難しくなっている。また、オリンピックや万博といったイベントによって都市を盛り上げようとする動きには、一過性の賑わいは期待できたとしても、それが終わった後の暮らしがどうよくなるのかといった持続的な変化には、なかなか具体的なイメージを持つことができない。私たちは実感として捉えられる範囲の空間と時間のなかでしか、前向きな夢や希望を持つことができなくなってしまっている。

そもそも、都市は何もないところからつくり出すものではなくなった。都市への多様なアプローチによって、すでにある空間をつくり変え、再生するといった地に足の着いた方法で、都市は断続的に改変されている。このような現実のなかで、固定的なマスタープランとして都市の将来像を描き、それに従ってパーツをあてはめていくような計画の手法では、もはや都市の変化に夢や希望を持つことはできない。一方で、トップダウンの計画や対症療法的な開発に対抗するために生まれたはずのまちづくりの手法でも、出口の見えない取り組みを続けていくことに対する疲弊や限界が見えはじめている地域も少なくない。

小さな空間の価値を大きな都市へつなぐ

では私たちは、どうすれば都市の未来に期待を寄せることができるのだろうか。個別の小さな空間をつくり変えることで、その空間にあらたな価値を生み出す実践は十分に成果をあげている。しかし、どれほど個別の空間がよくなっても、それによって都市の全体がよくなったと実感できることはそう多くはない。できる範囲で部分だけをよくしていけば、よい全体ができあがるというものではない。一方で、部分のすべてが全体に従い、全体が部分を統括している状態が魅力的だとはまったく思えない。全体にルールの網を張って部分をコントロールすることがよい全体をつくることではない。私たちが次に目指すのは、小さな空間の価値を大きな都市へつなげていくことではないだろうか。小さな空間と大きな都市が相互に魅力を高め合う工夫や、小さなアクションの積み重ねが大きな変化を生むように編集していくことが求められている。

空間の価値が敷地やエリア内に閉じていて、そこに身をおいている時にしかその効果を享受できないのではもったいないし、都市の魅力が増しているとは言いがたい。その空間だけがよければいいという競争や搾取の論理だけでは、都市の魅力を生み出すどころか、反対に都市を消費してしまいかねない。これは時間の考え方でも同じだ。いまだけよければいいという考え方ではなく、長い時間のなかでより適切な空間の活かし方を検討していかなければ、都市の魅力が蓄積されることはない。

都市とは、単なる空間の寄せ集めでも、細切れの時間の集積でもない。空間と時間が脈々と連なってつくる全体としての価値を有するもののはずである。そこにはじめて都市性が生まれ、文化や歴史といった社会の重みが育まれていくのだ。いまの都市には、このような積み重ねを感じることができる空間が少ない。もちろん、このような都市性はアプリオリなものではないし、一朝一夕に築けるものでもない。私たちにできるのは、やはり目の前にある小さな空間を変えていくことだけである。しかし、そのつくり方を少し変えてやることで、都市全体としての魅力をつくることが可能になるはずだ。

いま、都市にプランニングが必要だ

わたしたち〝都市空間のつくり方研究会〟は、日本都市計画学会の社会連携交流組織として、このような認識のもと、実際に都市に大きな影響を与えている小さな空間についてのスタディを重ねてきた。多くの空間を実際に歩き、その空間に携わった方々との議論を経て、私たちはいま、「小さな空間から都市をプランニングする」ことが必要だと確信している。プランニングとは、従来の全体性からはじめる手法とは異なり、都市の部分と全体とのつながりをはっきりと感じられるもの、目に見えるものにしていくプロセスのことである。つまり、小さな空間のつくり方を変えることで、都市を計画する手法である。

本書はこれまでの研究会の成果を取りまとめたものである。1章は、思考の起点となっている16の小さな空間のスタディである。その空間の魅力とは何なのか、それはどのようにつくられたのか、という二つの視点から各空間を分析している。続く2章では、都市をプランニングするということの意味を解説している。〈プランニングマインド〉と〈デザインスキーム〉という視点を設定し、これらを含んだ総合的な都市へのアプローチの構図がプランニングであることを示している。最後に3章では、これらの成果を踏まえて、空間・時間・共感の視点から都市をプランニングする10の方法を提案した。

本書が提示する都市のプランニングとは、はじめから都市の全体を理論で構築するのではなく、具体的な空間での解を重ねた先に都市の全体を彷彿とさせるような方法である。目に見えた成果をあげつつある小さな空間のつくり方をさらに変えることで、大きな都市に与える影響を予測し、その変化の兆しを好ましい方向に導くことができれば、私たちはもっと都市の未来に期待を寄せることができるはずだ。

研究会を代表して　武田重昭

目次

3章 小さな空間から都市をプランニングする

1
章

小さな空間の
つくり方から学ぶ

①問題なくつくるという固定概念を外す

なぎさのテラス（大津市）

――都市公園への商業施設導入による水辺の暮らしづくり

©竹岡寛文

名　称	なぎさのテラス
所在地	大津市打出浜15番地先 大津湖岸なぎさ公園 打出の森内
規　模	約5,500㎡（店舗延床面積約400㎡）
事業者	株式会社まちづくり大津 （出資：大津市20.8%、大津商工会議所10.4%、民間等68.8%）

1　となりに湖のある市街地の生活

滋賀県大津市にある［なぎさのテラス］は、びわ湖に面した個性豊かな四つのカフェとレストランで構成されている。大津湖岸なぎさ公園内に位置し、市街地のすぐそばにありながら、5km以上先の比叡山まで開けたパノラマビューを背景に、多様なアクティビティを受け入れる芝生広場、それを緩やかに取り囲むように店舗・オープンテラスが設置され、びわ湖、遠景の山並み、広い空で構成される景色を存分に楽しむことができる空間だ。飲食店を利用する人はもちろん、ひとり歩きや犬の散歩、親子のレクリエーション、女子会やデートの場として、それぞれの人が湖との関係を上手くつくりながら楽しめる空間が生まれている(図1)。

都市の裏側と化していた近江八景の再発見

瀬田の唐橋、石山の秋月などの近世の近江八景に代表されるように、びわ湖の景観の価値は古くから人々に共有され、また暮らしのすぐ側にある身近な存在として親しまれてきた。しかし、1960年代から大規模な埋立てが始まり、湖岸の大部分が人工的な護岸と

図1　びわ湖となぎさのテラス

して整備され、人々が湖に直接触れることができる空間が減少してしまった。湖上交通の衰退に伴い湖岸空間の価値はさらに低下し、いつしかびわ湖の水辺は「都市の裏側の空間」になってしまっていた。[*1] 市街地のすぐそばにありながらも遠い存在となっていたびわ湖を再び人々にとって身近な空間とするため、1998年に大津湖岸なぎさ公園が整備される。中心市街地に近い湖岸に整備されたこともあり、公園は多くの人々に利用されていたが、一方で、散歩やランニングなどの利用が中心の「通り過ぎる」空間にとどまっていた(図2)。また、景色を楽しみながら多様な利用をしようにも**都市公園法**[用語1]ほかの制限により、それが十分に実現できない状況にあった。びわ湖を挟んで比叡山の山並みが広がる雄大なパノラマ景観を一望できるという大きなポテンシャルを有しながらも、その価値を最大限に活かしきれていなかったといえる。転機は公園整備から10年後の2008年に訪れた。

芝生広場に店舗を挿入し、人々がびわ湖の景観を楽しむ視点場・多様な滞留の活動を許容できる空間として「なぎさのテラス」が整備されたのである。かつての通り過ぎることしかできない場所が、多様な水辺景観の愛で方を享受できる空間となった(図3、4)。

用語1　都市公園法の趣旨

都市公園の設置や管理基準等を定めることで、公共オープンスペースとしての空間機能を確保し、その健全な発達・公共の福祉の増進を図ることを目的としている。1956年の策定当初の社会背景をふまえ、都市内に空地を確保するために、公園施設や占用物件を限定している。

経済成長、人口増加等を背景とした緑とオープンスペースの量を確保する目的から、社会の成熟化、市民の価値観多様化、都市インフラの一定量の充足を都市や地域の個性と活性化の伸張、市民生活の質向上を引き出すような役割が都市公園に求められるようになっている。

図2　主に通過動線ととして利用されている

図3　なぎさのテラスでの多様な空間利用

2 びわ湖と市街地をつなぎ直す（都市の裏側に光を当てる）

びわ湖と旧市街地をつなぎ直すトライアングル拠点

これだけの空間価値があるにもかかわらず、びわ湖の景観が都市の裏側と化してしまった理由は、前述の護岸工事に加えて、浜大津駅前や駅間の衰退によるところが大きい。大津はもともと東海道最大の宿場町であるとともに、京都の玄関口としてびわ湖の物資が集散する港町（浜大津）の機能も備えており、大津百町と呼ばれる旧市街地は湖上交通と陸上交通の結節点として栄えてきた(図5)。しかし1970年代以降に市街地が郊外へ拡大し、商業機能も拡散することで、中心市街地の衰退が進んだ。また、旧・江若鉄道（JR湖西線の前身）の終着駅の浜大津駅から国鉄大津駅まで乗り換える人々で賑わっていたが、JR湖西線になってからは、浜大津を経由せずに山科に至るようになったことも大きく影響した。

こうした現状を打開するために、大津市は2000年に**旧中心市街地活性化法**[用語2]にもとづく「大津市活性化基本計画」を策定し、道路・歩道整備、再開発ビルの再整備などの空間整備を実施した。しかし、地域の商業は経営者の高齢化や後継者不足、施設の老朽化や

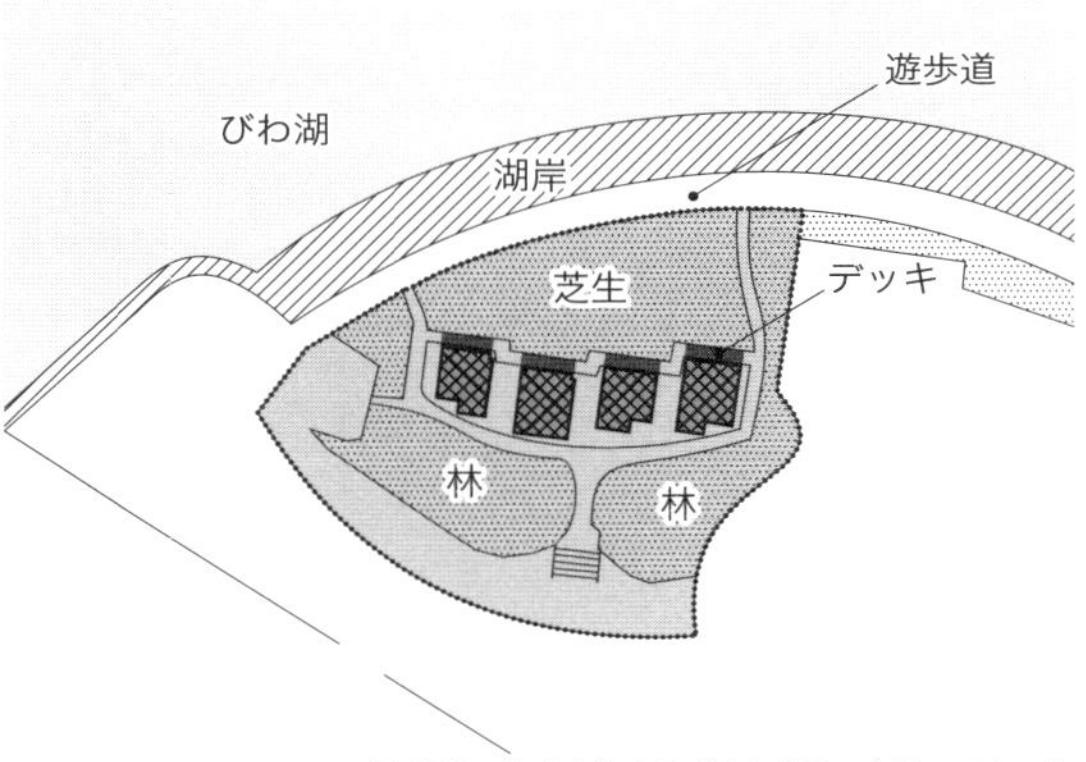

用語2　中心市街地活性化法

空洞化の進む中心市街地の活性化を図るために「中心市街地における市街地の整備改善及び商業等の活性化の一体的推進に関する法律（旧中心市街地活性化法）」が1998年に制定された。しかし、市町村の認定を受けた民間まちづくり組織（TMO）の役割が商業活性に偏っていたこと等の要因もあり、市街地衰退に歯止めをかけることができなかった。そこで従来の「市街地の整備改善」と「商業等の活性化」に加えて、「街なか居住」や「都市福利施設の整備」等の支援措置を追加した「中心市街地活性化法（改正中心市街地の活性化に関する法律）」に2006年に改められた。

びわ湖
遊歩道
湖岸
芝生
デッキ
林
林

躯体：株式会社まちづくり大津＋内装：テナント
大津市整備エリア約5,500m²
（芝生・デッキ・林（※躯体以外の施設））

図4　なぎさのテラス平面図

空き店舗の増加などが進んでおり、中心市街地に賑わいを取り戻すことはできなかった。[*2]

これらの反省を踏まえ大津市は市民や事業者の参加を促す仕組みづくりを盛り込んだ改正中心市街地活性化法にもとづく「大津市中心市街地活性化基本計画（以下、中活計画）」を新たに策定し、2008年に内閣総理大臣の認定を受けた。この計画で［なぎさのテラス］を含むびわ湖ホール一帯が計画区域として追加されている（図5）。これにより浜大津と［なぎさのテラス］を東西の両端とする旧市街地とびわ湖の活性化軸を明確にするとともに、さらにJR大津駅前を加えた3拠点をトライアングルに結び、そのエリア内の旧市街地で回遊性を生み出すことが意図されている。実は市街地の目と鼻の先にありながらも、その価値が忘れさられつつあった湖岸空間に人々の目を向けさせ、市街地と水辺をつなぎ直す装置としての役割が［なぎさのテラス］に期待されているのである。

［なぎさのテラス］以外の拠点でも、浜大津地区では1934年建設の旧大津公会堂の整備が実施され、2010年に四つの民間飲食店が入居する交流・商業施設としてオープンするとともに、大津駅の整備もJR西日本により2010年に実施された。これにより2011から2017年までに商店街における新規店舗の出店頻度

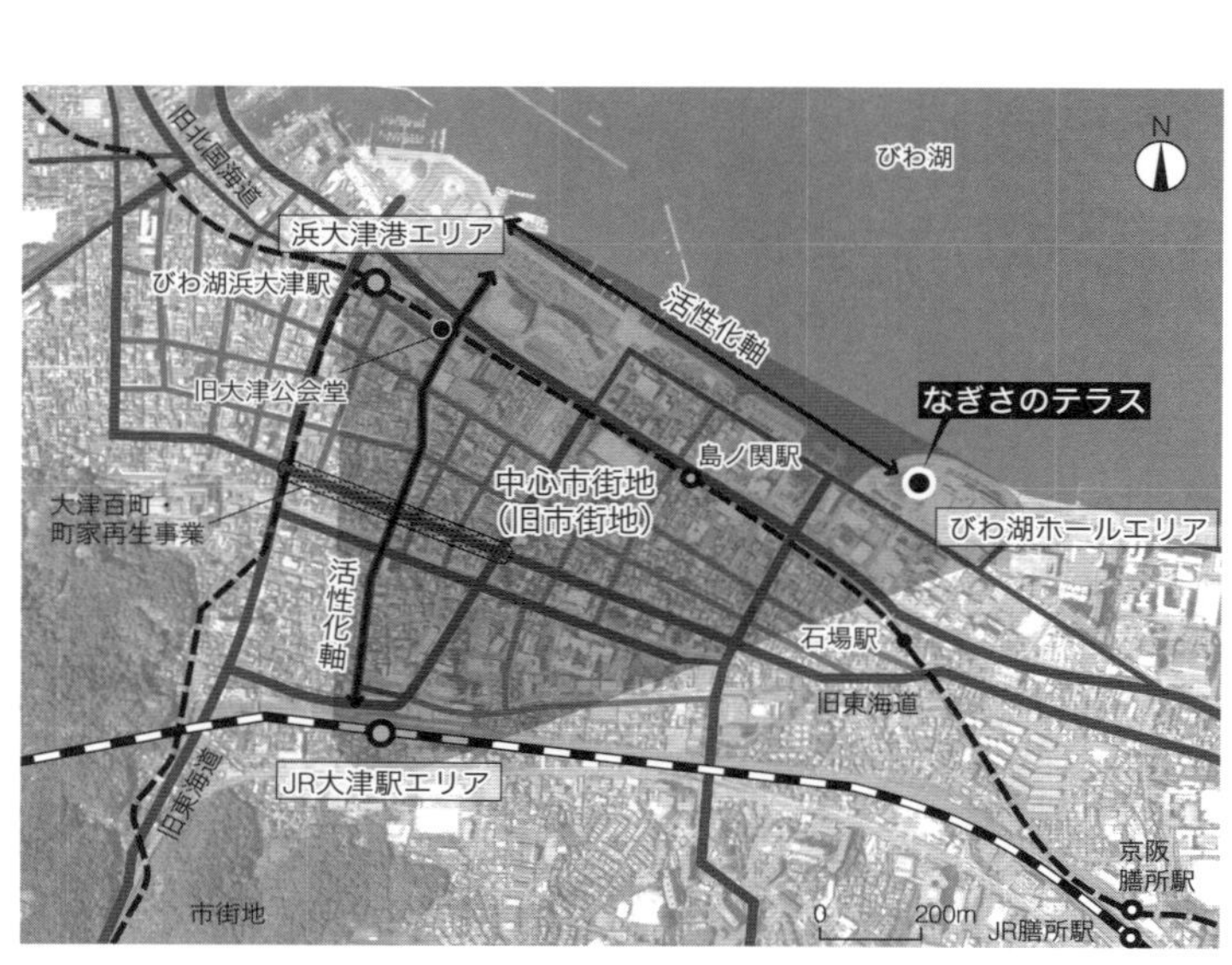

図5　なぎさのテラスを含む3拠点と旧市街地・湖のトライアングルの関係
（出典：大津市中心市街地活性化基本計画、国土地理院*3 をもとに作成）

が増加するなどの効果が現れてきている。

中心市街地活性化の名のもとに都市公園を占用する

ここまで述べたように「公園に人を呼ぶために店舗をつくった」と一言でいうのは簡単だが、従来、都市公園の区域に民間事業者が経営する店舗をオープンさせるには、さまざまな工夫が必要となる。大津湖岸なぎさ公園(図6)は都市公園法にもとづく都市公園である。都市公園は「都市公園の健全な発達を図り、もつて公共の福祉の増進に資すること」を目的(都市公園法第1条)とした公園であり、法やそれにもとづく条例等で**占用や行為が制限**[用語3]されている。そのため、公園管理者以外が**公園施設**[用語4]を設置したり、公園内を占用してその他の施設等を設置するには、公園管理者の許可が必要となる。

そこで公園区域内での建設にあたっては、まず株式会社まちづくり大津[*4]が4棟の建物を建設し、大津市、まちづくり会社が公園区域内の土地を登記、そのうえでテナントを民間事業者にサブリースするという役割分担によって、公園内に商業店舗をオープンさせることができた(図7)。

ここで重要なことは、「なぎさのテラス」を先述の中活計画に位置づけたことである。これにより、事業の公益性・重要性が担保され、

図6　大津湖岸なぎさ公園

図7　水辺景観の多様な楽しみ方を提供している

用語3　都市公園の占用や行為の制限

公園の全部または一部を独占して使用することを「行為」、公園内に公園施設以外の工作物、その他施設等を設けることを「占用」という。管理者が必要と認めれば、期間等を制限した上で行為や占用が可能となる。その許可の運用基準は都市公園法及び条例には規定されておらず、自治体の内規に定められている（営業行為に関しては、公共性及び公益団体の主催等を求めることが一般的である）。

２０１７年の都市公園法改正により、保育所等の設置が可能となった。

用語4　公園施設

公園施設とは修景施設（植栽、噴水等）・休養施設（休憩所、ベンチ等）・遊戯施設（すべり台等）・運動施設（野球場、プール等）・教養施設（植物園、動物園、野外劇場等）・便益施設（売店等）・管理施設（門、さく、管理事務所）等を指す。

都市公園法第5条（公園管理者以外の者の公園施設の設置や管理に関する規定が定められている）にもとづく施設を設置する許可が下りるなど、まちづくり会社が都市公園を利用する大義名分を獲得することができた。また行政内部における調整、登記にあたっての法務局の申請など、手続きのスピード化にも貢献している。２００８年８月にテナント会議を行い、翌年４月のオープンに向けた短期スケジュールで進むことが決まったが、当初から工期を延長するということは頭になかったという。

公園だからこそデザインにこだわる

出店事業者の選定にあたっても、まちづくり会社が公園施設という範疇にとどまらず、この空間にふさわしく、かつ綿密なマーケティングにもとづく出店コンセプトを掲げ、それに見合う事業者を審査を踏まえて選定している。審査にあたっては、新たな公園利用者層をしっかりと定着させる実力とともに、店舗のみならず地域全体の活性化につながる提案も作成させるなど、びわ湖と市街地をつなぐ役割を事業者が主体的に担うことを求めている。

店舗設計の際には、隣の店舗がびわ湖への視界を遮らないような水辺景観の見せ方、屋根の勾配や自然素材の活用などガイドラインやコードが作成され、計画全体として湖岸の魅力向上が図られている。一方で、民間事業者のアイデアも活かせるよう、店舗部分のデザインの自由度を確保するための工夫もなされている。一般的にはテナントオーナーが関与しない建物躯体にかかわる工事についても、初期段階からオーナーのアイデ

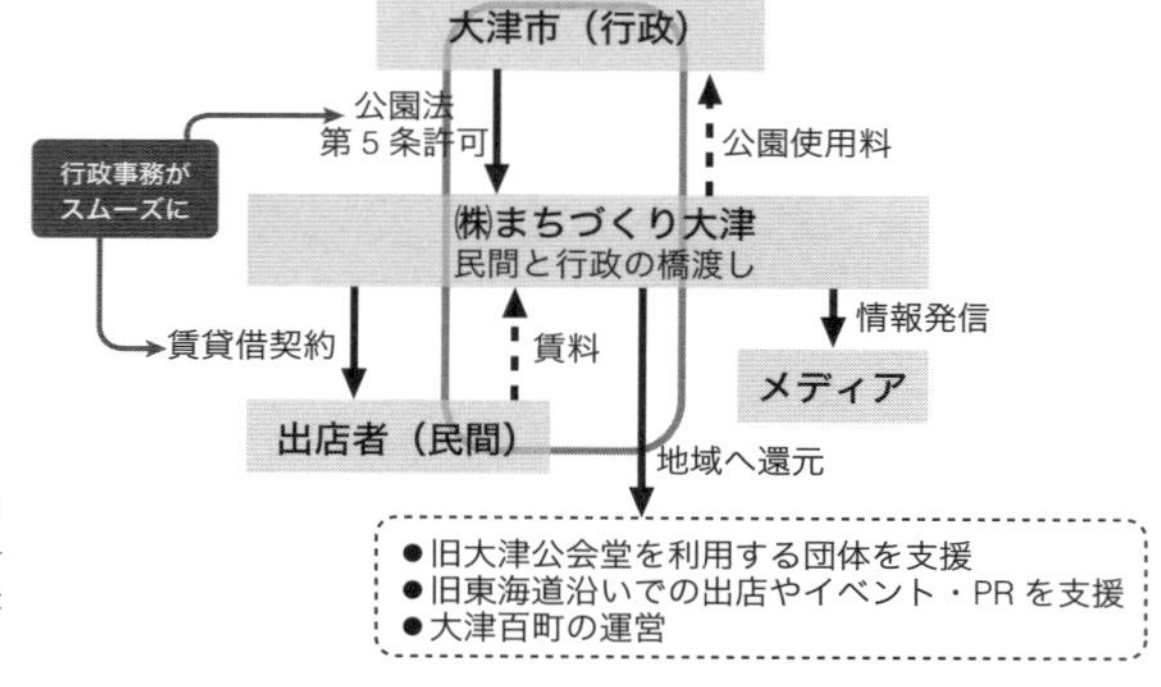

図８　事業および公園占用のスキーム（出典：自治体行政の領域─「官」と「民」の境界線を考える（大津市小西氏執筆分をもとに作成））

アや希望が取り入れられ、行政とまちづくり会社が丁寧な調整を行いながら建設が進められた。自然素材へのこだわりや、店舗からの湖の見え方など、個々の店主の個性やこだわりが反映されるように、コンセプトの具体化を行政およびまちづくり会社がしっかりとフォローし、管理者とのつなぎ役を担った。すべてを計画側が決めすぎずに、プレイヤーが自由に工夫できる余地を確保したことでつくられた空間であるといえる（図8）。

3　制約を言い訳にしない。下地づくりの功績

秩序ある都市空間をつくるためには、各種制度にもとづくさまざまな行為規制は必要なものであるが、制度の枠組みの範囲内で「問題なくつくる」という固定概念を外し、空間の価値を最大限に活かすことを考え、その後で、必要な方法を構築するという手順が重要となる。

公共性の高い空間に、さまざまな人がかかわることができるようにするには、所有者・管理者である行政が、公共性・公平性を担保するための一定の仕組みを構築し、民のアイデアを活かせるような下地をつくること、また民の活動に公益性を与えることが重要である。さらに、点のプロジェクトのエリア全体への波及効果といった、都市的な意味をプロジェクトに与え、行政計画に位置づけることで、公益性が担保されるよう段取りを整えておくこともポイントである。

（松本邦彦・髙木尚哉）

【注】

＊1　竹川勇（1999）『大津湖岸なぎさ公園』について―市街地における湖辺環境『ランドスケープ研究』62巻4号、日本造園学会、pp.392-393

＊2　稲継裕昭編、小西元昭著（2013）民間力を活用した市街地活性化『自治体行政の領域―「官」と「民」の境界線を考える』ぎょうせい

＊3　国土地理院　https://maps.gsi.go.jp/development/ichiran.html

＊4　㈱まちづくり大津は、大津市、大津商工会議所のほか、市民、地元企業、商店街、金融機関等といった民間出資が7割以上で設立されたまちづくり会社であり、中心市街地活性化のための事業企画・調整、および実施を進めている（出典：＊2）。

②見えない資源を見つける

道後温泉（松山市）

――県道から市道への付け替えによる広場化

名　称	道後温泉本館周辺道路の歩行者空間化
所在地	愛媛県松山市道後湯之町
規　模	約850㎡（市道部分）
事業者	松山市

1 広場化された道路

愛媛県松山市の中心部からおよそ2・5㎞東に位置する［道後温泉］地区。三千年にわたる日本最古の温泉地ともいわれるこの地区において、圧倒的な存在感を放っているのが国の重要文化財である「道後温泉本館」だ。いま、この道後温泉本館の周りでは、浴衣を着てそぞろ歩きするカップルや、談笑しながら歩く家族連れを見ることができ、いわゆる温泉街として、しっぽりとした雰囲気を感じることができる場所となっている。風雅な唐破風を持つ道後温泉本館の佇まいは［道後温泉］地区の象徴であり、絶好の記念撮影スポットだ。

こうした賑わいの創出に大きな役割を果たしているのが、かつては地区の幹線道路であった本館前の空間の存在である。騒々しい幹線道路であった道後温泉本館前の空間は、2007年に思い切った環境整備により、高質な歩行者優先の広場として変貌を遂げたことで一転し、観光客に対する安全性を高めただけでなく、周辺のホテルや店舗、商店街などを巻き込みながら、滞留・散策が可能な空間として、まちの一体感を演出する原動力となっている。

2 「まちの目指す姿」の共有

かつての道後温泉本館は、歩道のない車道で囲まれ、特に本館正面入り口に面する道路は、1日に約7000台の自動車が通行する、地区の主動線（県道六軒家石手線）となっていた(図1、2)。自家用車やタクシー、バスがひっきりなしに往来しており、観光客が温泉街らしい風情を味わいながらゆったりとそぞろ歩きをするどころではなく、いまとなっては集客に欠かせない「インスタ映え」する道後温泉本館も、立ち止まって写真撮影することもままならない状況であった。

それでも松山を代表する観光地としての地位を確立していた道後温泉だったが、日本各地で顕在化していた温泉地衰退の波には抗えず、観光客、特に宿泊客の減少は、観光客の滞在時間にも大きく影響し、宿泊施設のみならず、周辺の商店等にも影響することとなり、〔道後温泉〕地区の生き残りをかけた取組みが急務であった。

一方、松山市は行政の立場から、ドラマ放映の決定を契機とした施設整備など、松山市の観光振興・活性化に向け、さまざまに手を打ってきたものの、目に見える大きな成果を得るまでには至っていなかった。

〔道後温泉〕地区には、道後温泉本館はもちろん、四国霊場51番札所である石手寺（いしてじ）、重要文化財の伊佐爾波（いさにわ）神社、時宗の開祖である一遍上人の誕生地とされる宝厳寺（ほうごんじ）など、有形無形含めさまざまな魅力ある資源が徒歩圏内に多く点在している。それらの資源は、観光マップなどで個々に紹介されるものの、周遊性の確保にまでは至らず、特に道後温泉本館周辺は、歩道もない車中心の道路空間に囲まれ、エリアを印象づける景観も不統一で、周辺に点在する資源へ誘うような仕掛けや連続性が十分とはいえない状況であった。

図１　道後温泉本館正面の道路整備前：南から北方面を望む（右手が道後温泉）

図２　道後温泉本館正面の道路整備前：北から南方面を望む（左手が道後温泉）

まちの将来像の共有：ばらばらだった資源を結び直す

このようななか、「道後温泉」地区の地域住民、温泉組合、商店街などが参画する地域主体の「道後温泉誇れるまちづくり推進協議会」が発足し、その活動は、地元のまちづくりの機運を高める大きな役割を果たしていた。また、松山市は、ばらばらに点在する資源を結び直し、道後温泉本館を起点とした一体感のある地区の創出をイメージとして打ち出した「道後温泉本館周辺景観整備計画」（1998年策定）を、官民連携により策定、その中で、回遊性を高める道路網の整備、道後温泉本館周辺の広場化など、いまの道後温泉本館周辺の広場化を生み出す原点となったイメージを打ち出した（図3）。本地区の核である道後温泉本館の南側と東側の市道を拡幅し、本館正面の県道と市道の入れ替えを行うことで、本館前の交通規制と広場化の実現を目指したのだ。ここが歩行者優先の動線ネットワークの起点となれば、地区内に散らばる各資源をつなぎ、魅力をさらに顕在化できる拠点となり、観光客の滞在時間の増加にもつながるはずだと考えたのだ。県道と市道を入れ替えることができれば、幹線道路である県道のネットワークを途切れさせずに道後温泉正面を歩行者専用化することができ、人々をもてなすことができる豊かな溜まり空間の創出を実現させることが可能になる（図4）。さら

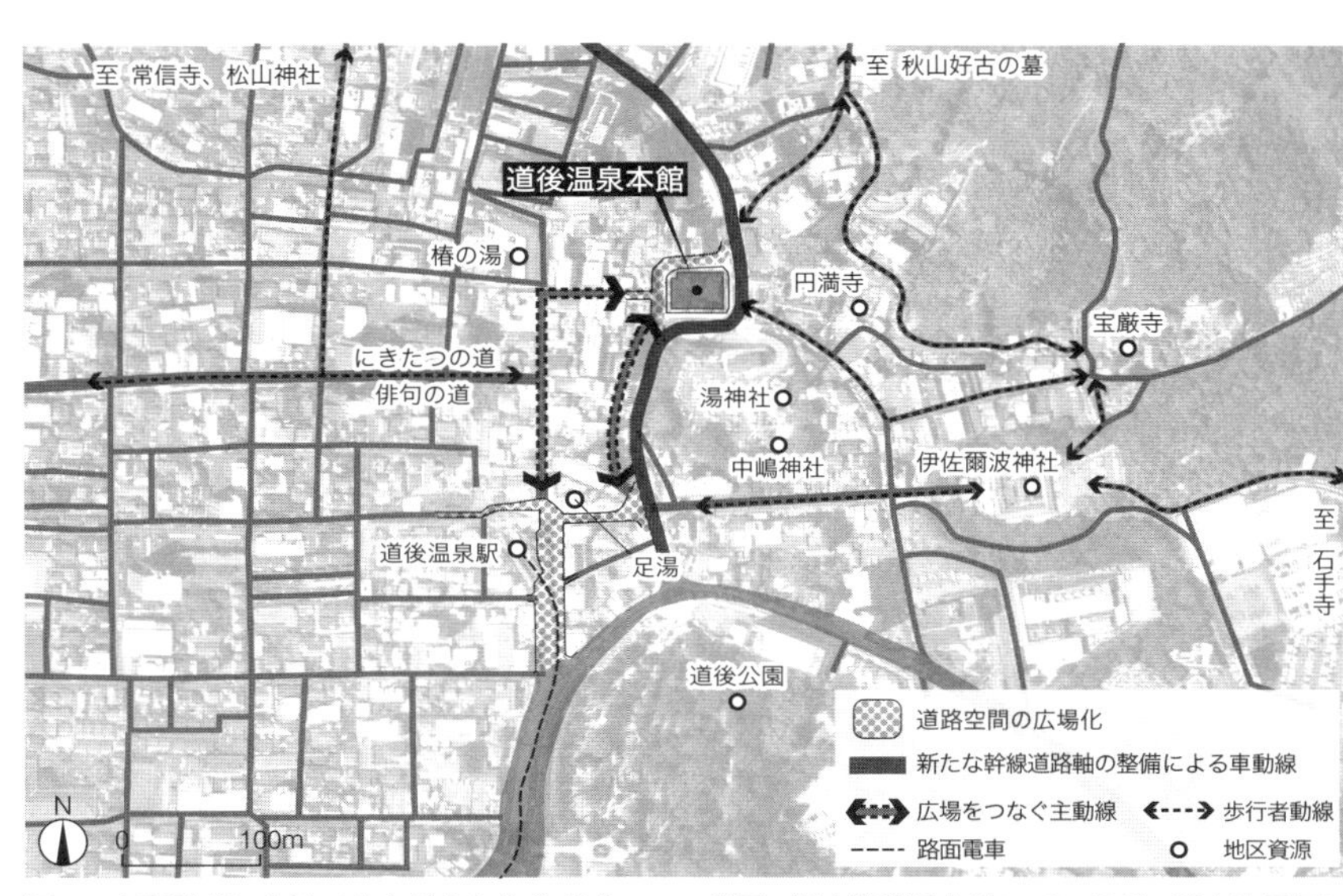

図3　合意形成に向けてさまざまな主体がゾーニング図、都市構造図を描いているが、基本は周辺にある地区の資源をつなぐ人のための動線づくりとオープンスペースネットワークづくりを目指すことが共通の視点となっていた（出典：国土地理院*1 をもとに作成）

に、県道となった（元）市道は、幅員を拡幅して歩道を整備することで、本館が広場の中にあるような佇まいとなり、街の回遊拠点としての質をより高めることができるのだ。

3　広場化実現のプロセス

人々が安心して過ごすことができる道後温泉本館周辺に空間のイメージは、前述のとおり景観整備計画の中で打ち出された。しかし、沿道には駐車場やホテル、商店等が並んでいることから、この車両規制のアイデアには沿道地権者の合意が不可欠であった。また、本館を取り囲む道路のうち、本館の正面である西側から北側に抜ける道路は、県道であり車の交通量も多い主要幹線道路であったため、県道を管理する県の立場や交通規制を所管する公安委員会の視点からも、実現化に向けた合意形成に相当な労力が必要なことが安易に想定できるものであった。

道路空間の広場化の実現に向けた県・市・公安委員会等関係者の調整

松山市は、庁内関係者の合意形成を図るうえで、さまざまな計画の中に景観整備計画で示した「道後温泉」地区のまちづくりの方向性を位置づけ、総論としてのまちづくりのあり方、広場化の必要性を多方面からバックアップした。特に、空間の実現を決定づけた「総合的なまちづくり計画」では、その視点を明確にしている。上位関連計画における位置づけは、行政関係者の方向性を揃えるうえでの根拠となり、非常に有効な手段

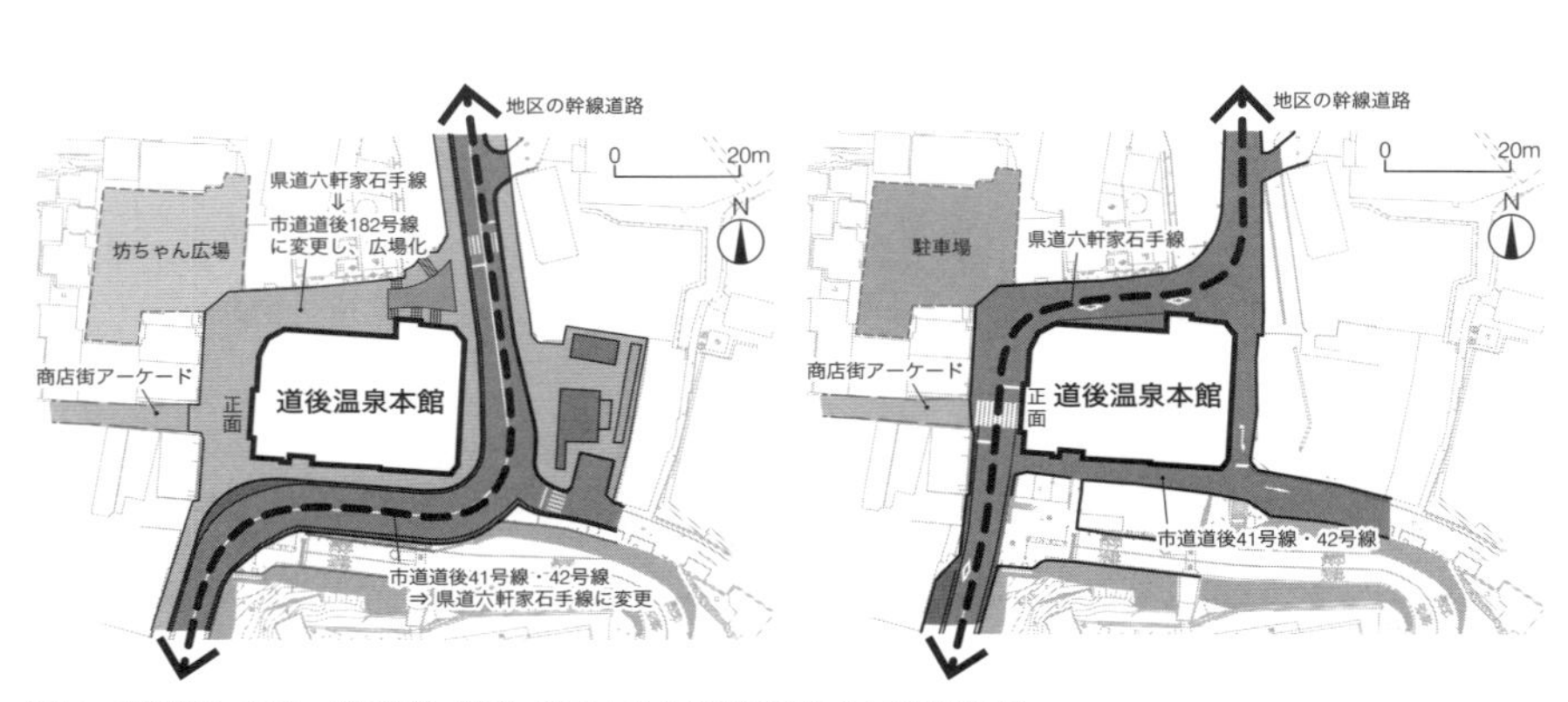

図４　整備前（右）、整備後（左）（出典：松山市提供資料をもとに筆者作成）

となる。上位関連計画との整合性を図ることは当然の取組みではあるが、松山市は、［道後温泉］地区の取組みを意識しながら、その計画・方向性を、さまざまな計画のなかで共有し、積み重ね、継続的にしっかりと展開していたのである。当然、市の各種計画に挙げられる重要な施策として全庁的に取組まれ、結果、沿道地権者等地域の合意や公安委員会との調整が可能であれば、県道を管理する愛媛県としても検討・協議の余地はあるということにもつながるのである。

制度の活用と丁寧な合意形成：交通特区制度と二段階の協議会

道後温泉本館前を歩行者専用とするためには、当然これまでにない交通規制が必要であり、沿道地権者の同意が不可欠となる。しかし、ホテルや商店を経営している立場からすれば、目の前の幹線道路を広場化すると「駐車場が利用できない」「店の前に車が寄り付かない」（各論反対）といった問題が起こり、合理形成が進まず広場化が難航する可能性があった。そこで、沿道地権者の合意が不可欠な交通規制をスムーズに行うため、松山市は「松山市観て歩いて暮らせる街づくり**交通特区**[用語1]」を申請し、「総合的なまちづくり計画」の策定プロセスのなかで合理形成を図りながら、特例措置として「地域参加型のまちづくり計画に基づく交通規制の実施」を行う方法をとった。そもそも、幹線道路の位置づけ変更や交通規制などには行政や警察の理解と協力が不可欠である。官民一体となり関係者が顔を突き合わせて同じビジョンを共有する場が、なによりも重要だ。ここで設置された協議会は、総論を扱う全体協議会と各論を扱う個別協議会の2段階で組

用語1　交通特区
交通規制は、都道府県公安委員会によって行うこと（道路交通法第4条）とされているが、松山市が提案し、認定（2003年11月28日）を受けた「松山市観て歩いて暮らせる街づくり交通特区」では、提案自治体や各道路管理者、所管警察署のほか、地域住民、事業者等からなる地域参加型の協議会において、総合的なまちづくりを策定し、公安委員会に提案できることとなった。公安委員会は、当該計画にもとづき、歩行者用道路の指定等、魅力あるまちづくりに資する交通規制を行うこととなった。

成した。総論と各論の議論を明確に分けて議論を深めたのである（図5）。総論として地区の望ましい空間イメージを全体協議会で共有しながら、具体的な空間づくりの方法は個別の要望にできるかぎり寄り添った。丁寧に対話を行った結果、全員の総意を得ることができたのだ。この計画策定のプロセスでは、さまざまな関係者が集う場が設置された。そこでは、「どのような街にしたいか」「道後温泉周辺がどうあるべきか」といった、交通規制の前提となる「まちの広場化」という大きな方向性が概ね合意（総論賛成）され、地域住民等の理解促進の場として、空間実現に向けて大きく役立つこととなった。

4 地区全体へ広がるストック活用の波及力

自然と高まっていった、歩いて楽しいまちへの意識

「まちの広場化」を意識した［道後温泉］地区全体の空間づくりは、交通規制（歩行者専用化）をまちづくり協議会が主体となって検討することで実現した。地域住民や組合等との合意形成はもちろんであるが、協議会の中で、行政（県と市）や警察等とも顔の見える関係が築かれ、まちの連帯が高まっていったことが大きい。

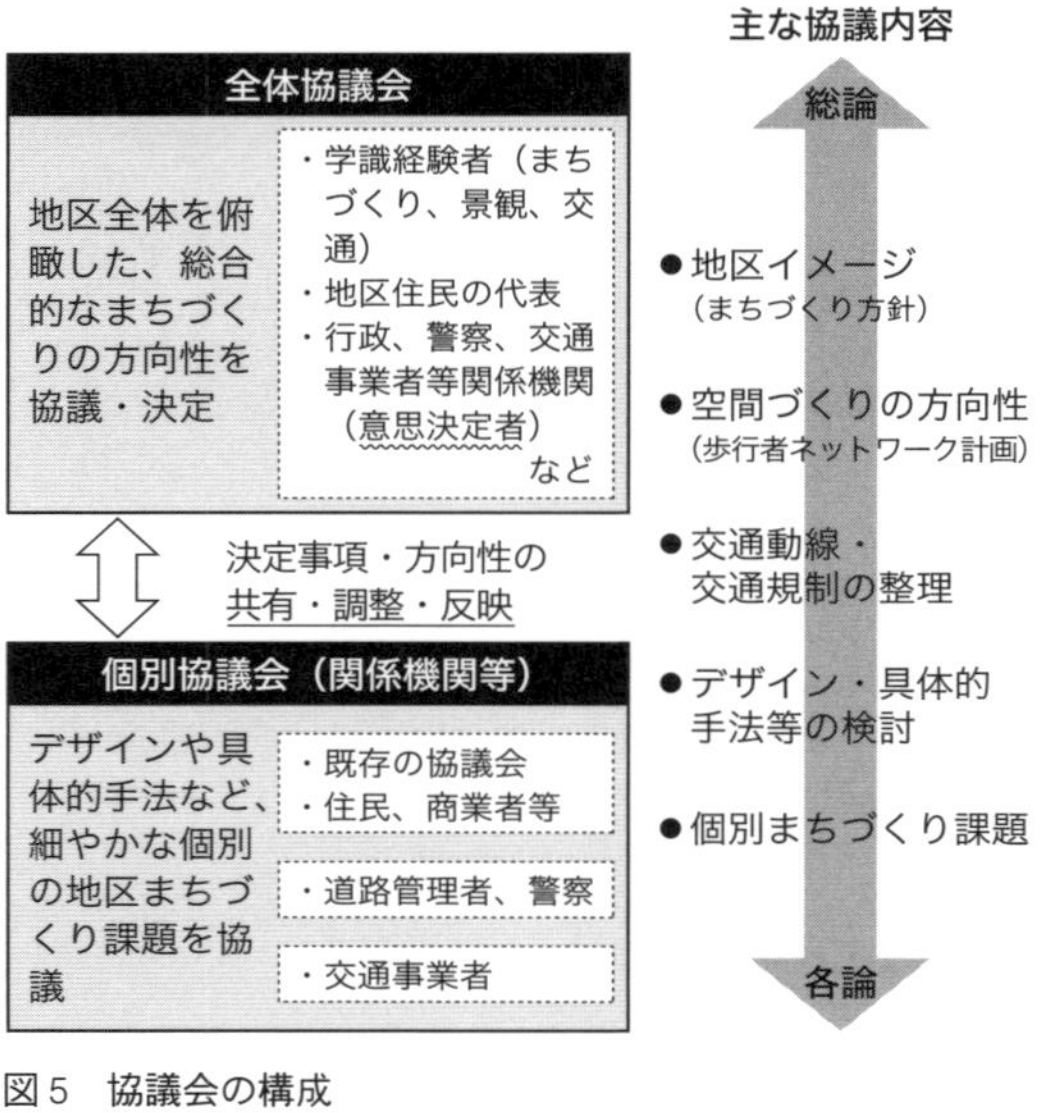

主な協議内容

全体協議会

地区全体を俯瞰した、総合的なまちづくりの方向性を協議・決定

・学識経験者（まちづくり、景観、交通）
・地区住民の代表
・行政、警察、交通事業者等関係機関（意思決定者）
など

決定事項・方向性の共有・調整・反映

個別協議会（関係機関等）

デザインや具体的手法など、細やかな個別の地区まちづくり課題を協議

・既存の協議会
・住民、商業者等

・道路管理者、警察

・交通事業者

総論

●地区イメージ（まちづくり方針）
●空間づくりの方向性（歩行者ネットワーク計画）
●交通動線・交通規制の整理
●デザイン・具体的手法等の検討
●個別まちづくり課題

各論

図5　協議会の構成

この協議会の意欲的な取組みと結果は、周辺にも波及しはじめた。道後温泉本館の前面道路が高質化された歩行者優先の広場に変化したことで、道から見える範囲は「見られる」空間としてより意識されるようになった。不要な看板の撤去といった、地元主体による景観まちづくりの動きも加速化し、周辺のファサードや看板のデザイン等について、地区の統一感が生まれることになった。また、交通規制により使えなくなった元県道沿いの駐車場は、オープンカフェや各種イベントが展開される「坊ちゃん広場」として生まれ変わり、いまでは地区の賑わいづくりに一役買っている(図6)。こうして、本館前の空間は、道路としての役割を果たしながら、まち全体の魅力向上を誘発する広場空間として活き返ったのである。

都市計画・制度の活用：従来の使い方を疑う

本事例では、従来の幹線道路としての使い方を疑い、制度を読み替えたこと、特区など使える制度を探し、選択肢を広げ、行政の縦割りの枠を超えた合意形成を行い、空間の位置づけ・制度上の位置づけを変えたことが、魅力ある空間整備の実現につながった。

一筋縄ではいかない大仕事ではあるが、地区は相応の波及効果も享受している。地域の核となる道後温泉本館の拠点性の創出とあわ

図6　かつての駐車場は、坊ちゃん広場として活用されている

せて、道後温泉駅前も広場化を意識した環境整備に着手、［道後温泉］地区と道後温泉駅前をつなぐ道路の環境整備も実現した。また、地元住民に利用される椿の湯改修整備による新たな拠点形成、周辺の道路空間の高質化など、地域の面としてのネットワークを築き、地区全体で空間価値を高めることに成功している。

制度上使える空間がない、空間的改善ができない、合意形成や調整はできないと思い込んでしまっていないか。「地区全体にも影響を及ぼすほどの使える空間はすぐそこにあった」のである。

実現化に向けた強い意志と柔軟な発想

このような見えない資源の発見につながる発想の転換に必要なのは、常に都市を更新すべくプランニングし続ける姿勢ではないだろうか。［道後温泉］地区では地域の強い想いが大きく影響している。まず皆で街全体の未来を描くことから始め、地域のポテンシャルを読み解き、空間のあるべき姿を追い求める。こうした一連の作業は、行政にとっては前例主義によらない制度上の違和感解消に向けた取組みに、住民にとっては合意形成に向けた取組みや第一歩の活動、建物や空間の有益なリノベーションにつながっている。まちのビジョンに向かって、積み重ねながらも変化し続ける新鮮なプランニングマインドこそが、より魅力ある都市空間をつくり出すことを、［道後温泉］地区の取組みは教えてくれている。

（有田義隆）

【注】

＊1　国土地理院　https://maps.gsi.go.jp/development/ichiran.html

③都市計画遺産を現代的に再生する

みなと大通り公園（鹿児島市）

——戦災復興道路の遊歩道化

名　　称	みなと大通り公園
所 在 地	鹿児島県鹿児島市易居町
規　　模	歩道部分6,030㎡、車道部分3,560㎡
全体計画	市道中央通線～臨海道路　延長288m、全体幅員50m
事 業 者	鹿児島市

1　車道が狭く歩道がゆったりとした稀有な「遊歩道」

鹿児島市の都心、天文館商店街から鹿児島市庁舎を目指して歩くと、ほどなく右手に空が広く現れ、その視線の先に雄大な桜島の裾野が目に飛び込んでくる。これが、「みなと大通り公園」だ。一般的な遊歩道の断面構成と異なり、道路中央部にゆったりとした歩行者空間が配された、わが国でも稀な見事な遊歩道だ。山手を向けば、シンプルな美しさを湛えた市庁舎がアイストップとして視線を惹き付ける。その視界の中に、ゆるやかなスピードで市電が侵入してくる。近代建築と市電の組み合わせは、戦災に晒され幾度となく市街地の消失を経験した鹿児島の復興を現代に伝える、鹿児島らしい風景の一つでもある(図1〜4)。

市庁舎から海へと向かう軸線として1989〜1992年にかけて整備されたこの公園は、道路延長288m、幅員50mのゆったりとした空間となっている。歩道部分が6030㎡、車道部分が3560㎡と歩行者空間が約6割を占める。電線類は地中化され、開放感あふれる空間を実現している。市庁舎側から「エントランスゾーン」(平面噴水とともに彫刻作品が設置されている)、「ローンプラザ」(芝生広場、1650㎡)、「メモリアルゾーン」(太平洋戦争戦没者慰霊碑が設置)という構成で設計されている。[*1] アルミ鋳物の車止めや凝ったデザインの街灯といった細部のデザインにも配慮されている。初夏には、上半身裸になった子どもたちが噴水で水遊びをする姿が目立ってくる。思わず座

図1　鹿児島市庁舎

図2　市役所前から臨むみなと大通り公園と桜島

りたくなる芝生広場は、時にはピクニックの場に、時には花火大会の観覧席に、そして時にはさまざまなイベントの会場（扉写真）にと、多目的利用の場として市民に使われている。遊歩道沿いに植えられた合計64本のケヤキが放つイルミネーションは、市の冬の風物詩として定着した。

遊歩道として、あるいは広場として使われているこの空間は、じつは道路として位置づけられている。つまり、道路としての機能は維持したまま、広場的公園として市民生活に欠かせない場として再編されているのだ。一見、どこにでもあるようで、よく考えてみれば類似事例は決して多くないこのユニークな広場的公園は、どのようにして生まれたのだろうか？　そのルーツは戦災復興事業にある。

2　近代化の中で埋もれていた戦災復興道路

都市のベースとしての城下町の構造

台地に囲まれて甲突川を中心とする河川により生まれた比較的小さな平野に位置する鹿児島の都市(図5）は、清水城とその城下町である上町の形成を経て、鶴丸城を城山の麓に配置した江戸時代から大きくは変わっていない(図6)。島津薩摩藩の城下町の町割りと戦災復興計画にもとづいた区画整理が形成する明快な都市構造が大きな特徴だ。相次ぐ戦災（薩英戦争、西南戦争、太平洋戦争）により、市街地の93％(約１０８１ha)が焼失した。[*2]　城下町の名残は鶴丸城跡とわずかに残る町割りのみである。現在でも中心

図3　車線を削減し歩行者空間を広げている

図4　冬期のイルミネーション

部のどのエリアから見ても、山側から錦江湾を眺めればその先には必ず桜島が見える東西の街路は、桜島への眺望という点において優れた景観を創りだす。東西の街路に直交する南北の街路は、海岸線にあわせて緩やかに弧を描き、直線的な東西街路とは対照的な、奥へと誘いこむ魅力をもつ。

これらの街路で構成される中心部の上に、明治期の県庁や市役所など公共施設の立地、大正期の路面電車の登場と繁栄、太平洋戦争の空襲による徹底的な破壊と戦災復興という歴史が積み重なり、現代の鹿児島がかたちづくられた。現在、城跡周辺には公共施設が集中的に立地している。天文館は繁華街に、屋敷町だった千石町や加治屋町はオフィス街となっている。

空間の履歴としての「近現代の都市計画の歩み」

近代都市計画の試みは独自の痕跡を都市空間に残してきた。鹿児島は戦災都市のなかでも、その戦災復興計画が極めて高いレベルで実現された例である。城下町の町割りと戦災復興計画にもとづいた区画整理が形成する明快な都市構造が再強化され、中央駅から放射状に伸びる広幅員の道路、市電の存在、交差点に立地する建造物の形態は隅切りを受け、優雅な局面を描いた設計となっている。近代都市としての蘇生を支えたのは、復興計画を受けて実現された主要な都市計画道路（ナポリ通り、パース通り、照国通り）であり、現在も市民の生活の大動脈となっている。

「みなと大通り」は、戦災復興の目玉として、戦後の区画整理により整備された

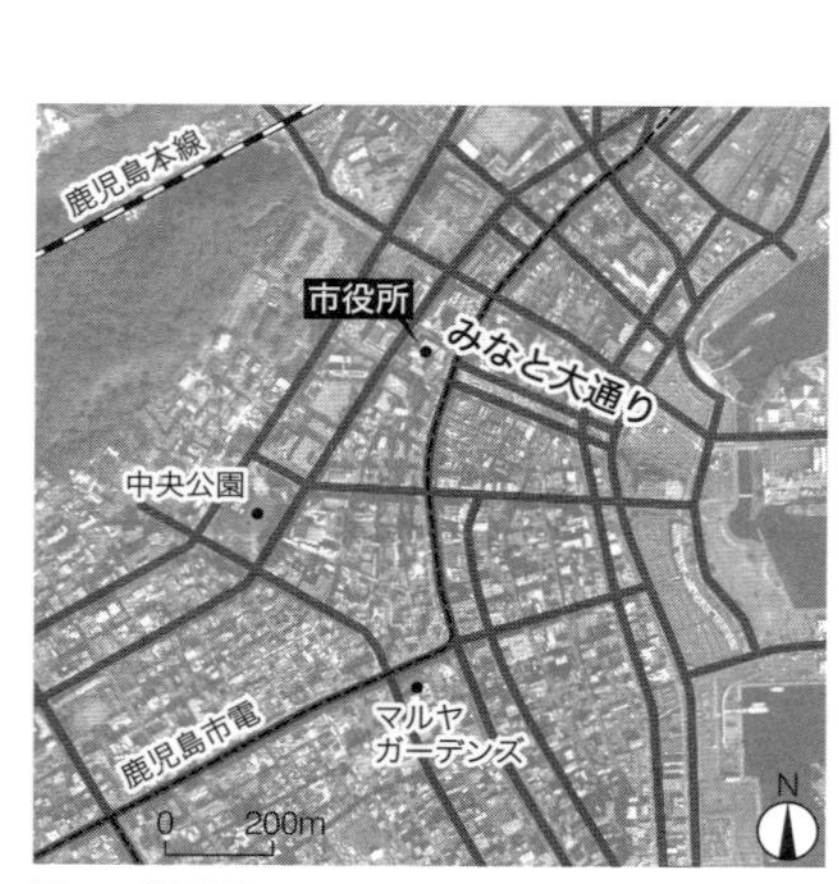

図５　位置図（出典：国土地理院*3 をもとに作成）

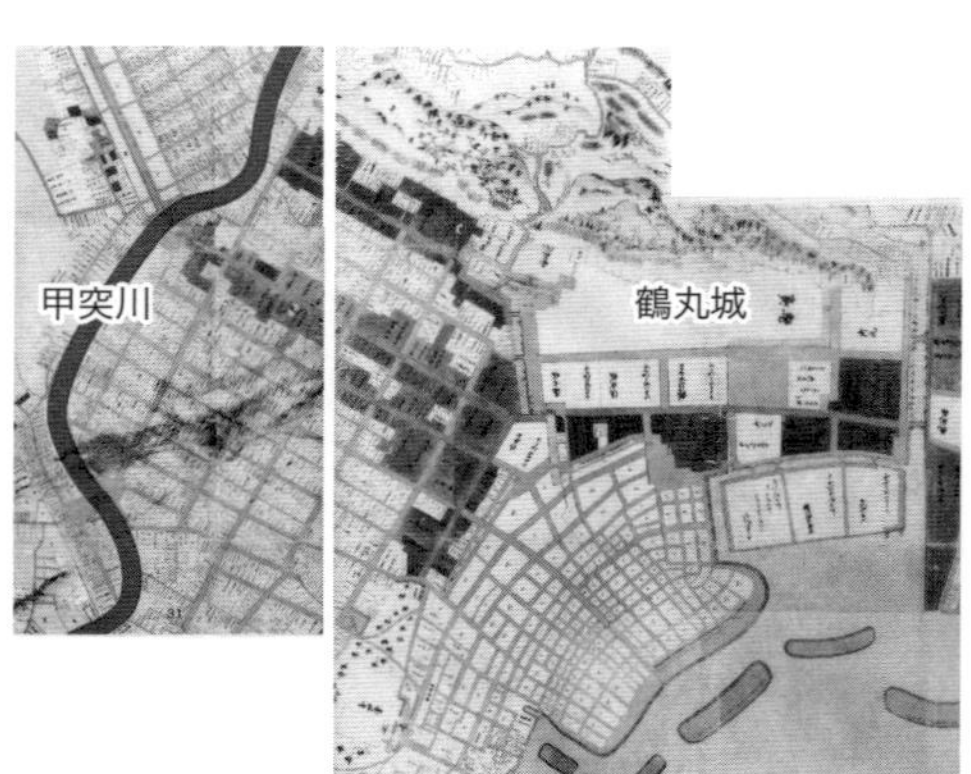

図６　鹿児島城下町の構造（出典：『旧薩摩御城下絵図』）

（図7、8）。1937年に現在地の山下町へ移転した市庁舎は、戦前の町家群のなかで突出した建造物であった。1945年の空襲により周辺の多くの建物は焼失した。市は戦災復興事業のなかでも最大規模の街路として、市庁舎から海に向かう50ｍの広幅員道路を整備した。全国的に見て、庁舎建築物に視線が集中するようにを広幅員街路を計画し、アイストップとして市民生活を支える優雅な公共施設としての象徴性を演出する計画は珍しくない。鹿児島においても、その計画の意図は同様だ。ただ、「みなと大通り公園」は、近景としての市役所建築に加え、遠景としての桜島と錦江湾をも視線に取り込んだ計画が巧みである点が特徴である。

近代化の中で埋もれていた戦災復興道路

戦災復興事業の50ｍ道路として完成したものの、市庁舎前から海沿いの幹線道路まで300ｍもなく、また交通動線上も決して交通量が多かったり通過交通が流入したりする道路ではなかったこともあり、この空間は大きな特徴を与えられぬまま、昭和の時代を過ごすことになった（図9）。広幅員のわりには自動車交通も少なく、幼少期は格好のボール遊び場だったという住民の昔話も耳にしたことがある。とはいえ、市庁舎前の空間でもあるので、一定の交通需要

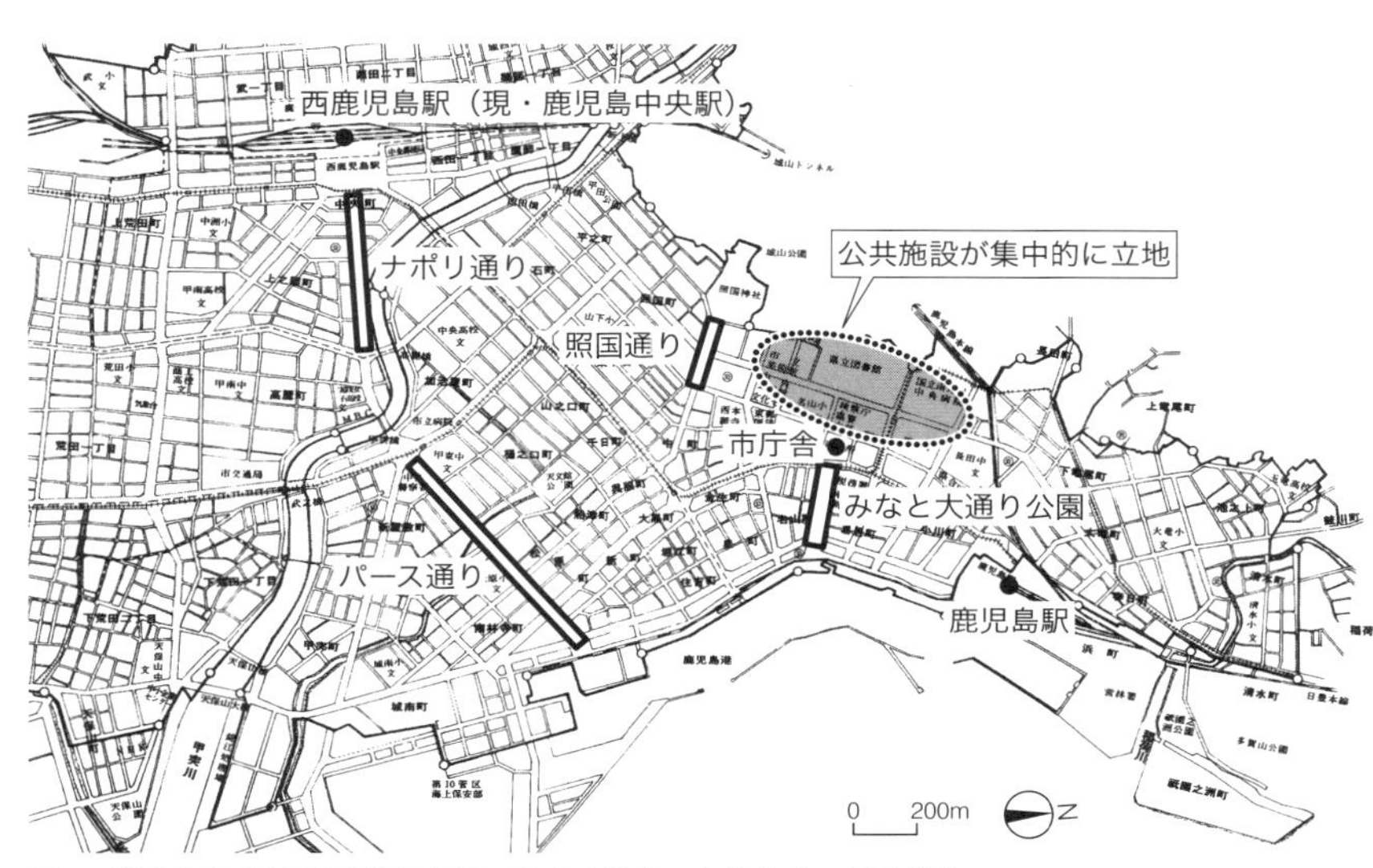

図7　戦後復興土地区画整理事業に基づく戦後の鹿児島市の都市構造
（出典：『鹿児島市戦災復興誌』をもとに作成）

はある。道路中央部に色鮮やかなさまざまな木々は植えられていたものの、1980年代までは、片側三車線のバスロータリーやタクシー乗り場としての性格の濃い空間で、特に「だれのためでもない」空間であった。

3　都市構造のコンバージョン

都市政策の転換

空間としての履歴が埋没しつつあった道路にスポットライトが当たったのは、1980年代半ばであった(図10)。かつて国鉄、市電、フェリーの結節点として重要な役割を果たしてきた周辺地区が、鹿児島駅から鹿児島中央駅へと交通拠点の重心が大きく移動したことを背景に徐々に活力を低下させる。これを受け、1986年に「海と港をいかした鹿児島市発祥の町の再生を目指して鹿児島本港背後地区総合整備構想」が策定された。翌年に、市役所前通り整備事業設計業務が委託され、1989年7月に計画案が発表された。

この鹿児島本港背後地区総合整備構想の整備課題には、①地区商業環境の回復、②各道路の役割の明確化、③流通施設の移転と跡地の活用、④住宅再開発による夜間人口の回復、⑤地区イメージの明

図8　1953年頃の中央工区（出典：『鹿児島市戦災復興誌』）

確化、が挙げられている。[*4]

①について、中心市街地である天文館には劣るものの、北部の小川町、易居町、名山町を中心に比較的集積の大きい商業地区を形成している。しかし、小規模店舗や老朽化が進んだ店舗も少なくなく、小売業販売額の全市に占める割合の低下や歩行者交通量の減少など、地区商業環境の低下が顕著であった。

②について、周辺地区は戦災復興土地区画整理事業によって道路の整備が行われた。しかし、個々の道路のなかには充分な幅員を有していながら交通量があまりないといった、構造に応じた機能を十分に果たしていないものが見られた。さらに、「交通拠点としての施設整備」「シンボルゾーンの形成」「新しい商業・アミューズメント空間の整備」「都心型住居の整備」といった整備方針の中に、「魅力ある歩行者空間の整備」も盛り込まれていた。ここで、都心や官庁街から港に向かう軸（東西軸）と、この軸と直交して地区内の歩行者の回遊性を高める軸（南北軸）の整備を図る、とある。そして、歩行者空間は、歩道の拡幅、道路の公園化、特徴ある並木道の整備、小広場の設置など多彩な演出を行い、歩く楽しさをつくり出していき、やがては観光資源としても重要な役割を果たすことが構想されていた。この「東西軸」が現在の「みなと大通り公園」であり、現在の空間形成のコンセプトはこの段階ですでに練られていたことがわかる。

そして、主要な事業として「軸線と歩行者ネットワークの整備」が位置づけられた。まず、南北に伸びる海岸通りのプロムナード化である。次に位置づけられたのが「市役所前通りの大通り公園化」であった。地区のシンボル軸として、市役所前通りを大通り

（右）図9　整備前の状況：片側3車線の自動車優先の空間（提供：鹿児島市建設局都市計画部都市景観課）
（左）図10　上空から見た整備前の状況（提供：鹿児島市建設局都市計画部都市景観課）

公園として整備する。大通り公園の港寄りの部分には歩行者デッキを設置し、歩行者が海岸通り、臨港道路を越えて本港再開発によって設けられる緑地に到達できるようにする、という構想だった。

道路を公園的空間へとコンバージョンする

「市役所前大通り公園整備基本計画・基本設計」から、検討内容を見てみよう。[*5] まず、大通りを公園に転換することはその名称からも明らかである。本計画では、市役所前大通りの位置づけと役割を以下のように整理していた。

道路として：交通結節機能の向上を図り、地区全体の活力向上に資すること。歩行者道路として、地区内のネットワークを強化し、回遊性を高める空間とすること

公園として：港湾内の緑地公園に連続する大通り公園としてネットワーク化すること

空間概念：地区のシンボル軸として、コミュニティゾーンの創出を図り、観光資源としての可能性も検討すること。大通りに隣接する界隈（易居町、名山町）の再生を促すため、歩行者動線の核として位置づける

当時の市役所前通りは、市庁舎が立地することからシンボル的な景観を有してはいるものの、機能としては道路利用のみにとどまっていた。そこで、大通りに「公園的性格を加味し、屋外空間として日常的な機能を与え、安全性を前提としたアメニティ空間の整備を策定する」ことが目的とされた。

当時の市役所前大通りの断面構成、幅員50ｍの通りに、14ｍの中央植栽帯（ワシントンヤシの並木および低木の刈り込み）、12ｍの車道（路肩側から、5ｍのバス専用レーン、3・5ｍの走行車線、3・5ｍの追い越し車線の3車線）、6ｍの歩道という構成だった。当時の写真（図9、10）を見ると、中央の植栽帯

は視覚上の修景効果は認められるものの、四つの島に区切られ、人々が近づきたくなるような仕掛けに欠けており、活動を展開する空間とはなっていない。道路はバス交通主体のどちらかというと無味乾燥な空間のように思われる。歩道部は、不規則な並木と植栽およびアスファルトコンクリート舗装で構成され、街路照明にも不備な点がある。このため、昼夜ともに通過交通のみの利用にとどまり、情緒的な雰囲気に乏しかったという。また、両サイドの建物のスカイラインがまちまちで、電柱や高さが統一されていない並木のため、アイレベルでの落ち着きがなかった。

朝夕のラッシュ時に通り西端の駅前本通りと東端の海岸通りは混雑の傾向を見せるものの、大通りへの流入は1時間あたり多いところで１２００台程度であった。日中ともなると1時間あたりの平均交通量は10〜48台と少なかった。自動車交通だけでなく、日中の歩行者交通量も極めて少なく、日常の生活機能を果たすのみに終わっており、現況の道路幅員12ｍ（片側3車線）、歩道幅員６ｍともに過剰構造であり、道路構造（幅員）に見合う交通量ではないことが指摘されている。

そこで、検討されたのが、公園整備を主体にした土地利用の転換であった。具体的には道路構造が再検討された。公園利用として充分果たせるように、中央分離帯を極力広く取ること、中央分離帯で分離せずに一体としたものとすることが計画された。こうして、かつてのバスロータリー空間は、道路中央を遊歩道とするわが国では大変珍しい歩行者空間として生まれ変わった(図11)。

歴史的ストックとしての「都市計画の痕跡」

この試みは、近代化の過程で実際に誕生した再開発の空間を「都市計画遺産」、あるいは都市空間のアーカイブとして捉え、改めて「再開発」していくという、歴史的ストックを活かした都市デザイン手法に違いないだろう。

都市空間は、さまざまな時代における空間を変えようとする（あるいは空間を守ろうとする）意志の総体として存在している。都市空間は、その歴史的・文化的価値が比較的わかりやすい歴史的建造物やまちなみによって価値づけられることが多いだろう。しかし、時の経過とともに、あらゆる空間が遺産化する。特に、これまでは焦点が当てられることの少なかった「近現代」という歴史も、徐々に遺産化が進んでいく。建築躯体は老朽化し、かつて構想されたプログラムは陳腐化する。道路のような公共空間も、日々の生活の中で計画の経緯や当時描かれた計画の意図などが顧みられることは稀である。こうした空間に価値が見出されない場合、それらはやがて改変の対象となり、都市がつむいできた記憶から退場を余儀なくされる。その前に、どのような価値を見出し、あるいは価値を付与し、再生の糸口としていくのか。先達の都市を計画するという意志から価値を見出し、現代的に利活用を図っていくことは、縮小が進むわが国の諸都市が今後持つべき基本的視座と言えるのではないだろうか。

（阿部大輔）

【注】

＊1　鹿児島市（２００９）『暮らしの中の都市景観』

＊2　鹿児島市戦災復興誌編集委員会編（１９８２）『鹿児島市戦災復興誌』

＊3　国土地理院　https://maps.gsi.go.jp/development/ichiran.html

＊4　鹿児島市（１９８６）『海と港をいかした鹿児島市発祥の町の再生を目指して　鹿児島本港背後地区総合整備構想』

＊5　『市役所前大通り公園整備基本計画基本設計』（提供：鹿児島市）

図 11　かつての道路空間は市民の日常的な憩いの場に

④余白をデザインする

KIITO（神戸市）

――点から面への波及を目指す都市施設の計画プロセス

©森本奈津美

名　称	KIITO（デザイン・クリエイティブセンター神戸）
所在地	兵庫県神戸市中央区小野浜町1-4
規　模	敷地面積8,601㎡、延床面積【旧館】3,489㎡、【新館】10,290㎡
設計者	【旧館】清水栄二（神戸市営繕課）、【新館】置塩章
事業者	神戸市
指定管理者	iop都市文化創造研究所・ピースリーマネージメント・神戸商工貿易センター共同事業体

1　みなとまち神戸のイメージを織りなす公共施設

兵庫県神戸市、かつて貿易の要衝であった新港突堤周辺がたくさんの親子連れで賑わう期間がある。子どもたちが夢のまちをつくるプログラム「ちびっこうべ（正式名称：CREATIVE WORKSHOP ちびっこうべ）」だ。２０１２年度から隔年で開催されているデザイン・クリエイティブセンター神戸［KIITO］（図１）の目玉イベントである。

［KIITO］内のメインホールを中心とした約１５００㎡の空間に、子どもだけが入ることができる「夢のまち」がつくられる。「みなとまち神戸」として、［旧生糸検査所］時代のアイデンティティが色濃く残る壮大な大空間に、神戸の子どもたちが夢のまちをつくり、自由に駆け回る。中心となるプログラムは、シェフ＋建築家＋デザイナーでチームを編成し、15店の食べ物屋さんをつくる「ユメミセプログラム」。この「ユメミセ」と呼ばれる15の食べ物屋さんをつくるプロセスで、子どもたちはクリエイターと協働し、プロの技や知識に触れながら、主体的に考え、つくり、運営していく力をつける。子どもたちが自ら建設した2・4ｍ×2・4ｍの店舗がホールを埋め尽くす活気に満ちた風景は、将来の神戸を担うまちづくりプレイヤーの誕生を期待させる（図2、3）。

「神戸で暮らす人や働く人。子どもや、若者や、大人たち。そんなすべての人が集まり、話し、次々になにかを生み出していく場所。それがデザイン・クリエイティブセンター神戸です」こう掲げて新しい時代を予感させる公共施設［KIITO］が、みなとまち

図１　KIITO（デザイン・クリエイティブセンター神戸）
（© 森本奈津美）

神戸の地に、2012年8月オープンした。

輸送網が多様化し、市民の暮らしから久しく遠ざかっていたみなとまちは、［KIITO］のオープンを皮切りに神戸市の新たな都市デザインプロジェクトが展開されることになる。みなとのもり公園や神戸ポートオアシスなど［KIITO］の周辺に魅力的な施設が次々に開業し、「みなとまち神戸」としてのアイデンティティが復権されるようになった。その空間的な魅力を存分に引き出したプログラムとして冒頭で紹介した「ちびっこうべ」のように、まさに地域のイメージ形成をリードする施設であるといえそうだ。

オープンまでの道のりと空間的価値

［KIITO］の建物は「神戸市立生糸検査所」として昭和初期に建築され、当時の日本の重要な国策産業の一つ、生糸輸出の拠点として建設された。生糸検査所としての当初の役割を終え、しばらくは農林水産省農林規格検査所（後の、農林水産消費安全研究センター）として使われていたが、ポートアイランドに新庁舎へ移転することが決まったために、建物が取り壊しの危機にあった。市民団体「港まち神戸を愛する会」による保存を呼びかける市民運動が行われた。そうしたなかで、2008年にユネスコによって神戸市が「デザイン都市」に認定されたことが相まって神戸市が旧生糸検査所を買い取る決断を行い、2012年8月にデザイン・クリエイティブセンター神戸（［KIITO］）として開館した。

［KIITO］は神戸市の近代化が進み、港湾施設の整備時期であった昭和初期に建築さ

図2　ちびっこうべの様子（© 坂下丈太郎）

図3　ちびっこうべの様子（© 森本奈津美）

れ、みなとまち神戸のまちなみを形成してきた重要な景観資源となっている。神戸の近代化と港湾機能の規模の変化により、いまではポートアイランド等へ港湾機能の大部分が移ったものの、神戸税関や大倉庫群など、昭和初期にかけての港湾の主要施設が［KIITO］周辺に集積している。旧生糸検査所を設計した建築家である置塩章の作品のいくつかは、神戸市内に残っており、神戸の近代建築物として重要な位置を占めている。

国際都市・KOBEの拠点として

［KIITO］が位置する新港突堤地区は、「みなとまち神戸」を象徴する場所にもかかわらず、近年までは市民から見過ごされてきたエリアであった(図4)。しかしながら、2015年に策定された神戸市における都市の将来ビジョンを示す「都心の未来の姿」をベースに、新しい都市デザインプロジェクトが次々に展開されることとなる。［KIITO］周辺も、水辺空間の魅力を引き出す賑わいづくりに注力されるようになった。

［KIITO］の活動は、神戸市内の他エリアでも魅力的な都市空間が生み出されるきっかけになっている。地域や社会の課題をデザインで解決する事業を展開する［KIITO］は、その一つとして2012年度にミュージアムロード（兵庫県立美術館から神戸市立王子動物園までを結ぶ道）の活性化を検討していた。事業参加者が提案した検討案の一つ、兵庫県立美術館のシンボルであるカエルのオブジェ「美かえる」を中心に賑わいを創出する案が採用され、特徴ある「美かえる」と同じ模様を活かした駅舎の装飾やストリートアートで人の回遊性を高める「美かえるロード」が実現している(図5)。このよ

図4　位置図
（出典：国土地理院*1 をもとに作成）

うに［KIITO］は、地域のさまざまなエリアを結び、賑わいを創出することに貢献しているのだ。コンバージョンされた歴史的建築物を空間として再発見するだけではなく、国際都市ＫＯＢＥの中心的な拠点として大きな役割を今後も果たしていくことは間違いないだろう。

2　空間的魅力を継承するための土台づくり

魅力的な建築デザインを残すための制度

［KIITO］のような歴史的建造物を活用する際、耐震性や安全性の問題から、建築基準法やバリアフリー新法などの制約が足枷となることがある。今回の場合も、生糸検査所の空間的魅力を極力残しながらリノベーションすることが求められたものの、大多数の人々が利用する公共施設に要求される現行法規の厳しい基準に適合させ、かつ歴史的な建築物の意匠を保全することに無理があった。そこで、**建築基準法第3条第1項3号**[用語1]にもとづく適用除外の事例として整備することになる。この条項は、文化財等の歴史的建築物においては、条例によって現状変更の規制及び保存のための措置を講じ、安全性の確保等について建築審査会の同意を得られれば、建築基準法に定められたルールが適用されないという条項である。これにより、もともと生糸検査所時代から受け継がれてきた当時の建築デザインをうまく残すことができた（図6〜8、表1）。

（左右）図5　美かえるカラフルプロジェクト

用語1　建築基準法第3条第1項3号
条例の定めるところにより現状変更の規制及び保存のための措置が講じられている建築物（保存建築物）であって、特定行政庁が建築審査会の同意を得て指定したものについては、建築基準法の規定を適用しないことが定められている。
神戸市では「神戸市都市景観条例」において、景観形成重要建築物として市長がKIITOを指定したため、これが適用されている。

壮大な空間を楽しむための「慣れ」と「工夫」

「KIITO」には、もともとの生糸検査場を転用した天井高11 mの巨大なホール、トラック通路を転用したホールと連続するギャラリー、セミナーができる会議室や和室など、従前の空間をそのまま活かし、多様な活動を受け入れることを狙いとした。こうした普段使い慣れていない巨大なスケールは「KIITO」の持つ空間のよさではあるものの、音が漏れてしまうことや空調がコントロールしづらいなど、予想できない使いにくさが存在している。利用者側が不便なところも楽しむくらいの気持ちで空間を使いこなし、楽しむための「慣れ」が必要となってくるだろう。施設の運営面に関しても工夫が見られる。時間貸しのレンタルスペースだけでなく、レンタルオフィスが設けられており、そこから一定の固定収入を確保し、施設の持続性を担保することや、さまざまな職種の人々の拠点とすることで、利用者の多様性にもつなげている。また、「KIITO」設立2年前からその存在を認知してもらうため、近隣の神戸商工貿易センタービルで、デザイン・クリエイティブセンターの機能を試行的に実施し、開館後の利用者を確保する仕組みを構築していた。正式な開館までの改修工事の期間中も別の場所で試験運用し、利用者であるクリエイターの育成や施設の認知を広げることにもつながっている。

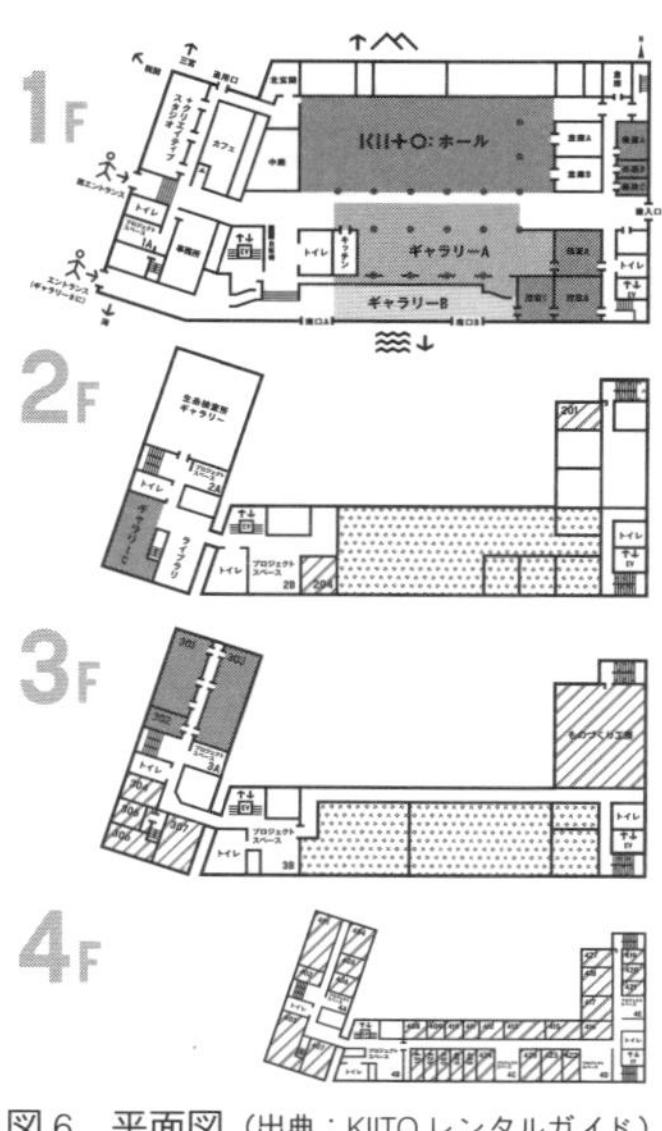

図6　平面図（出典：KIITO レンタルガイド）

図7　KIITO 外観（旧生糸検査所旧館）

図8　KIITO 外観（旧生糸検査所新館）

表1　旧生糸検査所・KIITOに関する年表

年	KIITO（旧生糸検査所）に関する出来事	特色
1895	明治政府が生糸を最重要輸出産物と位置づけ、品質向上を目指し、生糸検査法を発布	生糸産業の興隆
1896	神戸と横浜に農商務省機関の生糸検査所が設置される。生糸の正量・品質検査が行われるようになった	
1901	農商務省神戸生糸検査所が閉鎖（関西生糸市場の不振による）	
1905	生糸の品質が向上。輸出量はイタリア、中国を上回り、世界最大の輸出国としての地位を確立（～1909年）	
1923	関東大震災により横浜港の機能が麻痺状態となる。元神戸税関監視所を臨時の検査所庁舎にあて、神戸市立生糸検査所として業務を開始	生糸検査所としての活動期
1926	生糸検査所旧館着工（清水栄二設計）	
1927	生糸検査所旧館竣工	
1931	生糸検査所新館着工（置塩章設計）。神戸市から国（農林省）へ移管	
1932	生糸の品位検査の強制実施。工事中の新館の2階部分で品位格付検査開始。生糸検査所新館竣工	
1980	農林水産省農林規格検査所と統合	
1991	農林水産消費技術センターに改称	
1994	神戸市の景観形成重要建築物の指定対象候補として選定される	
2008	農林水産消費技術センターがポートアイランドへの移転のため、跡地の競売が発表。神戸市立旧生糸検査所の保存運動が展開される。神戸市が「ユネスコ・創造都市ネットワーク デザイン都市」にアジアで初めて認定（10/16）	生糸検査所からデザイン都市の拠点への転換期
2009	神戸市が旧生糸検査所の買収を決定。（仮称）デザイン・クリエイティブセンターKOBE検討委員会開催（8月～）。「提言『港都　神戸』の創生　都心・ウォータフロントのグランドデザインに向けて」の発表（11月）。旧生糸検査所周辺を東のウォーターフロントへのゲート空間と位置づけられている	
2010	（仮称）デザイン・クリエイティブセンターKOBE検討委員会報告書を市長へ提出（施設の今後の活用の方向性に関する提言）（4月） 旧神戸生糸検査所におけるクリエイティブスペース活用団体による活動実施（5/10～10/31）←改築前に無料の試用期間を設定	活動初動期
2011	「デザイン都市・神戸」の創造的活動支援事業の拠点・KIITOが開設（1/15）	
	準備拠点KIITO（神戸商工貿易センタービル26階）でのクリエイティブスペースの提供（1/15～）←デザイン・クリエイティブセンターKOBEの完成までの間、人材の育成・集積、ネットワークの拡大、さらなる活動の展開を図るために実施された	
2012	「デザイン・クリエイティブセンター神戸」のクリエイティブラボスペースの公募開始（6/25～）	
	準備拠点KIITO（神戸商工貿易センタービル26階）での活動終了（7月）	
	旧生糸検査所の工事が終わり、「デザイン・クリエイティブセンター神戸」を開設（8/8）	活動展開期
	「デザイン・クリエイティブセンター神戸」の指定管理者としてiop都市文化創造研究所、ピースリーマネジメント、神戸商工貿易センターの共同事業体を選定（指定期間2012/8/8～2016/3/31）	
	KOBEデザインの日記念イベント、KIITOオープニングイベント「CREATIVE WORKSHOP ちびっこうべ」開催（10月）	
2013	KOBEデザインの日記念イベント「EARTH MANUAL PROJECT展」開催	
2014	KOBEデザインの日記念イベント「CREATIVE WORKSHOP ちびっこうべ2014」開催	
2015	KOBEデザインの日記念イベント「LIFE IS CREATIVE展」開催	
2016	「デザイン・クリエイティブセンター神戸」の指定管理者としてiop都市文化創造研究所・ピースリーマネジメント・神戸商工貿易センター共同事業体を選定（指定期間2016/4/1～2021/3/31）	
	第15回公共建築賞優秀賞受賞（一般社団法人公共建築協会）（4月）	
	KOBEデザインの日記念イベント「CREATIVE WORKSHOP ちびっこうべ2016」開催（10月）	
2017	第26回BELCA賞ベストリフォーム部門受賞（公益社団法人ロングライフビル推進協会）（2月）	
	第11回キッズデザイン賞受賞（特定非営利活動法人キッズデザイン協議会）（8月）	
	「2017年度グッドデザイン賞」受賞、「グッドデザイン・ベスト100」選出（公益財団法人日本デザイン振興会）（10月）	
	KOBEデザインの日記念イベント「つながる食のデザイン展」開催（10月）	
2018	ユネスコ創造都市ネットワーク「デザイン都市・神戸」10周年記念、KOBEデザインの日記念イベント「ちびっこうべ2018」開催（10月）	

http://www.city.kobe.lg.jp/information/project/design/center/index.html
https://design.city.kobe.lg.jp/pre-kiito/
http://kiito.jp/
（協力：神戸市企画調整局創造都市推進部デザイン都市推進担当（2017年時）、デザイン・クリエイティブセンター神戸）

ビジョンを醸成するための「余白」の空間

［KIITO］の運営にまつわる条例を制定するにあたっては、あらかじめ神戸市役所の各部署間で折衝が行われた。**指定管理者**[用語2]の公募にあたっては、2000万円以上の自主事業が実施できるようにし、指定管理者によって［KIITO］にふさわしい自由な活動を担保できるように工夫されている。その運営方針の中でも特徴的なのは、「余白」を残すという発想である。施設の内部には、まだ公開していないスペース（実験的活用スペース）や、用途を特定していないスペース（プロジェクトスペース）がある（図9）。コスト面で改修できないという理由で手を加えなかった実験的活用スペース（図10）は映画のロケで使われることもあるという。そうしたプロジェクトスペースの運用形態は非常に柔軟な余地を残している。レンタルオフィスフロアにあるこの空間は、オフィスに入居している人の自由な供用を可能とするスペースとして位置づけられ、管理上も柔軟な利用を促進できるように使用上のルールを細かく規定せずに、緩やかな枠組みに留め「放置」している。こうした空間をあえて「余白」として設けることで、利用者が使いながら、創造力を持って場をつくることを支えている。

3　不確定な時代に相応しい計画像

現在の［KIITO］が体現する空間利用の柔軟さは、あらかじめ明確な空間像やビジョンを描きすぎなかったことが功を奏し現在の空間に至っているといえる。ここから学ぶ

用語2　指定管理者制度

地方公共団体やその外郭団体に限定していた公の施設の管理・運営を、株式会社をはじめとした営利企業・財団法人・NPO法人・市民グループなど法人その他の団体に包括的に代行させることができる制度である。KIITOでは、iop都市文化創造研究所・ピースリーマネージメント・神戸商工貿易センターの三団体による共同事業体が指定管理者となっている。

図9　プロジェクトスペース

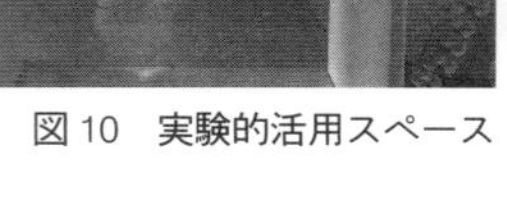

図10　実験的活用スペース

べきは、一度にビジョンを決め切り、空間をつくり込むのではなく、基本構想段階、リノベーションの計画・設計段階、施設オープン後の段階など、その時々に活用できるデザイン都市の認定や国からの補助金を追い風とし、時代や予算等に応じて空間を改変する姿勢だ。時間をかけて空間の魅力を段階的に醸成してきたこの空間は、今後もさらに改変され続けると考えられる。まさに先が見えない不確定な時代にふさわしい公共施設のあり方ではないだろうか。行政が一方的に住民をサポートする時代はすでに終わり、住民自らがまちや暮らしに対して問題意識を持ち、解決へのアクションを起こす時代になってきている。一つの課題の解決が見えたら、次の課題を発見・解決し、まちのよさを引き出す行動を続けていく、住民の主体的な活動が不可欠である。[KIITO]は、それをサポートする場所である。人口減少社会において、すべての人が主役となり、自分のまちに主体的にかかわっていく動きが、今後さらに盛り上がっていく必要がある(図11)。個別の組織や団体が、慣れ親しんだ地元のみで独自の活動をするだけではなく、共感・交流・連携をする場があれば、活動の効果は広がっていくことが期待できる。今後このような市民が段階的に魅力をつくり込んでいく場へのニーズはますます高まっていくだろう。

（栗山尚子・石原凌河）

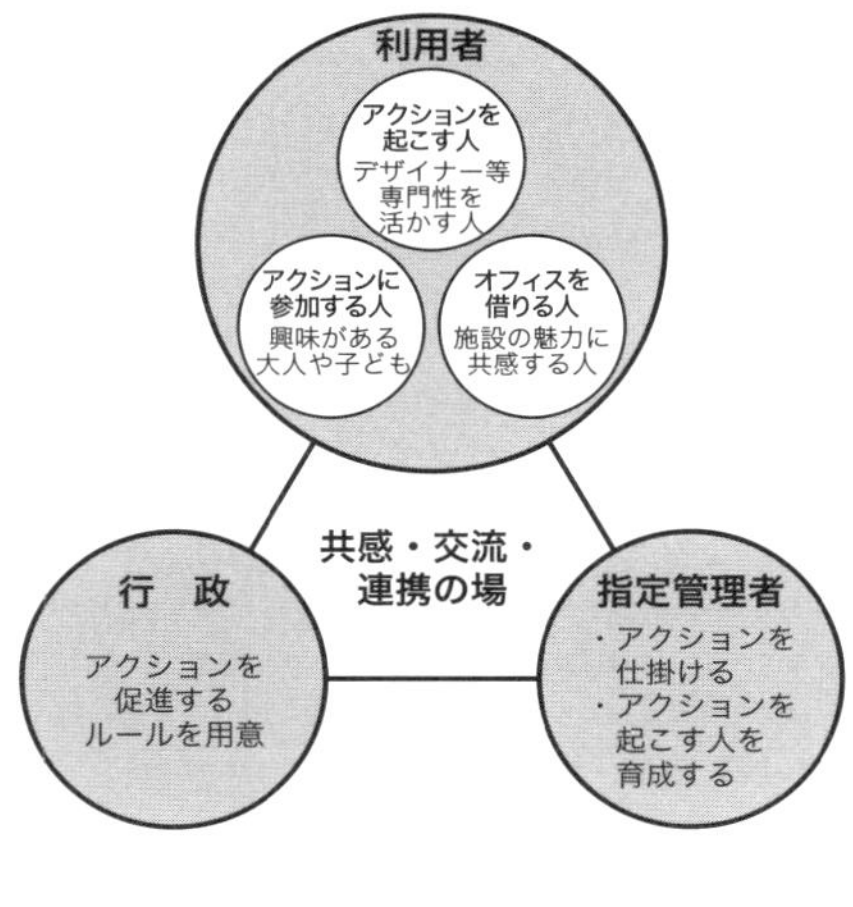

利用者
アクションを起こす人
デザイナー等専門性を活かす人
アクションに参加する人
興味がある大人や子ども
オフィスを借りる人
施設の魅力に共感する人
共感・交流・連携の場
行政
アクションを促進するルールを用意
指定管理者
・アクションを仕掛ける
・アクションを起こす人を育成する

図11　KIITOにかかわる主体の関係

【注】

＊1　国土地理院　https://maps.gsi.go.jp/development/ichiran.html

【参考文献】

・芹沢高志・近藤健史・横山和人・北川憲佑（２０１６）デザイン・クリエイティブセンター神戸（連載・未来にココがあってほしいから　名建築を支える名オーナーたち③）『建築雑誌』№１６８１、日本建築学会、p.46

⑤永続性を前提としない

まちなか防災空地（神戸市）

――密集市街地に寄り添う暫定的な空地整備事業

名　称	まちなか防災空地
所在地	神戸市灘北西部地区、兵庫北部地区、長田南部地区、東垂水地区 （神戸市密集市街地整備方針に位置づけられた密集市街地再生優先地区）
規　模	64事例 約6,370㎡（2017年度末）
関係者	土地所有者、まちづくり協議会、神戸市

1　密集市街地を明るくする空地

兵庫県神戸市の山麓密集市街地は、高度成長期の都市部の人口増加に伴い、山の斜面を切り開いて宅地開発された。比較的小規模の宅地に住宅が建て詰まっており、地形の制約を受け、行き止まりや宅地裏の急斜面が多い。この密集市街地の街並みの中にぽつりぽつりと小規模だが明るい空地が生まれてきている。その空地は、あるところでは菜園となったり、芝生や花が植えられたり、ベンチやテーブルが置かれ人々が集まる場所となっていたりもする(図1)。

密集市街地整備の隘路を切り開く

こうした空地は、密集市街地の防災性を向上するために神戸市「まちなか防災空地事業」によって生み出されている。密集市街地における防災性向上の取組みは、これまで**住宅市街地総合整備事業**[用語1]をはじめ、多くの実践が重ねられてきた。しかし、合意形成の時間、用地買収などの事業費などから、期待される成果を得ることは簡単ではなかった。そのため行政は、小さな面積の敷地を広場として整備するポケットパーク事業などを進めてきたが、十分な広がりを持

用語1　住宅市街地総合整備事業

中心市街地、密集市街地等の既成市街地において、快適な居住環境の創出、都市機能の更新、美しい市街地景観の形成、密集市街地の整備改善、街なか居住の推進、地域の居住機能の再生等を図るため、住宅等の整備、公共施設の整備等を総合的に行う事業について、国が地方公共団体等に総合的な助成を行うもの。

a　整備前（2013 年）

b　整備後（2015 年）

図1　まちなか防災空地整備事業の事例（東垂水地区）

てずにいた。こうした困難な状況を改善するために始まったのが本事業である。

後に述べるように「まちなか防災空地事業」は、3〜5年間という短期間で神戸市が無償で土地を借り受ける仕組みになっている。土地所有者の心理的負担を少しでも低くするため、面積要件がないなどの工夫が受け入れられ、2017年度末において64件と他の類似事業と比較しても多くの事例が生まれている。

しかし、行政が税金を投入し進める事業において、3〜5年間という短期間の事業の意義はどのように考えればよいのだろうか。

2 空地を確保する事業の広がり

「まちなか防災空地」は、土地所有者、まちづくり協議会など、神戸市の三者で協定を締結し、神戸市が土地を無償で借り受け、まちづくり協議会などがその土地を「まちなか防災空地」として整備及び維持管理する仕組みになっている。このとき土地所有者は固定資産税・都市計画税が非課税となり、整備にあたっては神戸市から100万円以下の補助がある。[*1] 対象となる土地は、2011年3月に策定された密集市街地再生方針[*2]により「密集市街地再生優先地区

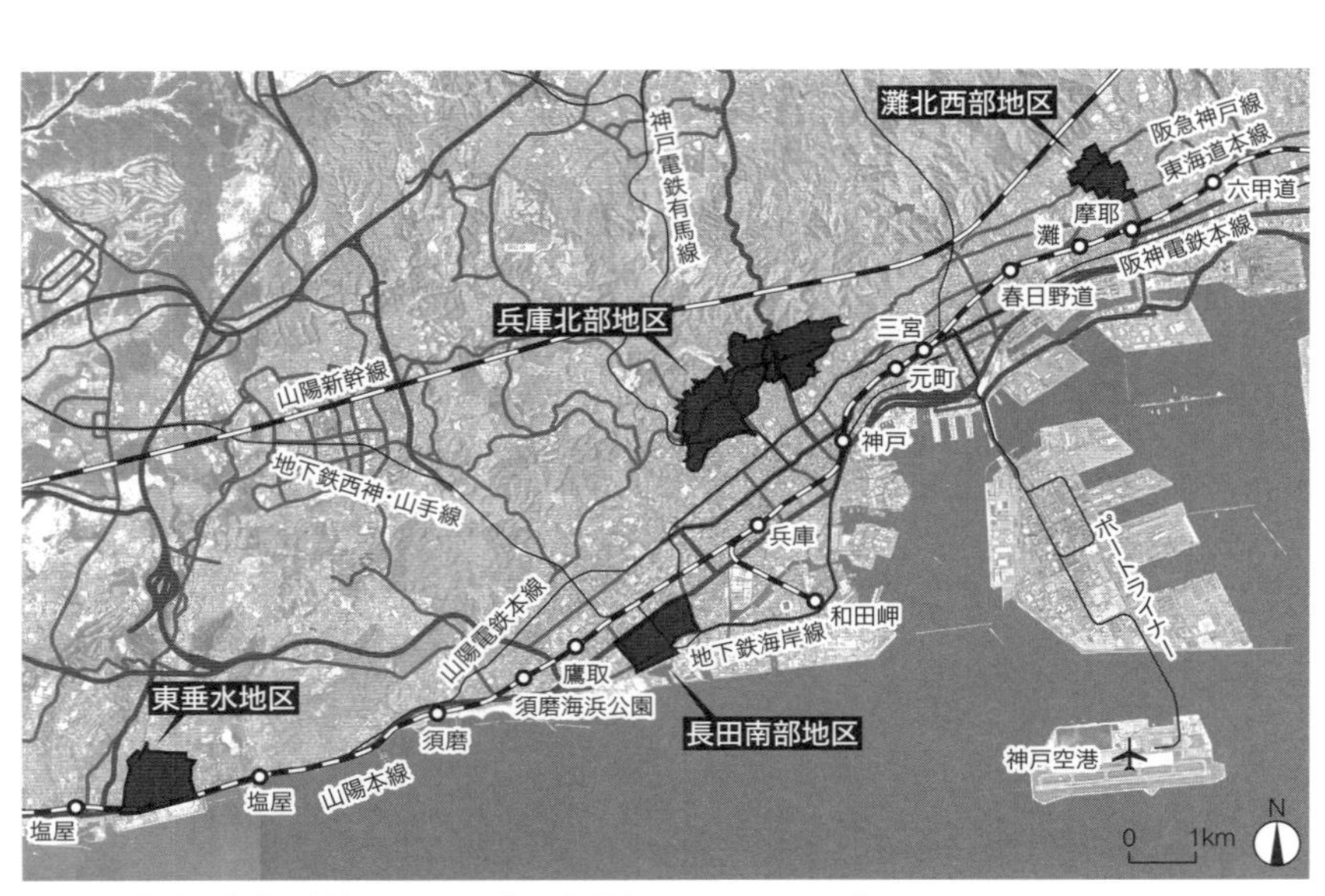

図2 位置図と事業の対象区／2019年1月現在（出典：国土地理院[*3]をもとに作成）

（灘北西部、兵庫北部、長田南部、東垂水）」に位置づけられている地区にあり（図2）、少なくとも3～5年以上提供が可能で、まちの防災性向上に資する位置・区域・面積であることとされている。[*4] 運用が始まった2012年度は、東垂水地区での2事例にとどまったが、兵庫県北部地区を中心に増加し、6カ年、4地区合計で64事例となっており、高い実効性が現れている（図3～8）。

地区ごとに多様な事業展開

「まちなか防災空地」は四つの地区ごとに神戸市まち再生推進課の職員の担当者が決められており、地域住民とやり取りをしながら整備の検討が進められる。そのため、地区ごとに担当者や地域の状況を反映した特徴のある整備がされている。

兵庫北部地区では、市民農園のような菜園が多く整備されている（図4）。作業中の住民によると「農園をきっかけに軒先で植物を植えるようになり、独居老人の外出機会や地域のコミュニケーション機会となっている」とのことであった。これは農政部局の市民農園の仕組みを取り入れることで実現している。また、同地区の中には3事例が連担する場所もあった（図8）。連担することで空地としての効果や小規模な**土地区画整理事業**[用語2]への可能性が期待される結果と

用語2 土地区画整理事業

土地所有者がそれぞれの土地を提供することで、道路や公園といった公共施設を整備し、整った都市空間をつくりあげる事業。

図3　東垂水地区の事例

図5　長田南部地区の事例

図7　テントで涼む住民（図3のテント内）

図4　兵庫北部地区の事例

図6　灘北西部地区の事例

図8　3事例が連担する様子（兵庫北部地区）

なっている。長田南部地区は、奈良・平安時代からの古い漁村集落の路地構成を残す密集市街地であり、神戸市「近隣住環境計画」を用いた細い路地、まちかど広場が整備されている駒ヶ林地区を含んでいる。[*5] なかには地面に黒板が設置されている事例もある(図5)。灘北西部地区では、コンクリートで整備された空地が多く見られる。

事業の考え方

神戸市担当者に対するインタビュー調査の結果は表1の通りである。事業のねらいとして、「まちなか防災空地」自体の拡大・展開による市街地環境の改善が目的とされているが、防災空地が増えることで、将来的には小規模な土地区画整理事業につながることも期待されている。また、そのためにも貸与する側の土地所有者に生じる心理的ハードルを下げる短期契約となっており、その後建物が建ったとしても耐火性能の高い建物などになり、結果的に防災性が上がることも期待し、高い実効性を意図した枠組みとなっている。

これまで日本の空地整備が十分には進まなかった理由は、公共性の担保のために、土地の所有権を行政に移転するもの、または所有権は土地所有者のまま借り受けるものであっても10年以上の期間が必要とされてきたことにある。「まちなか防災空地事業」に見るように3〜5年といった短期間の事業期間など土地所有者の心理的負担を下げる工夫をすることで、ようやく面的な広がりを見せようとしている。密集市街地の防災性向上の新しい手法として評価できるだけでなく、都市の環境を担保するため

表1　まちなか防災空地事業の考え方

項目	内容
事業のねらい	・都市計画事業が進展しない現状を踏まえ、公園・道路等を補うために私有地を用い、できるだけ空地を確保するねらいがある ・まちなか防災空地自体の拡大による市街地環境の改善をねらっているが、事業が進行し、空地が増えると小規模な土地区画整理事業につながる展開も考えている
空地の役割	まちなか防災空地には、段階ごとの役割があるといえる ①初動期(現在):(公園等を補完する意味からも)空地の数をできるだけ確保し、建て詰まりを解消することで、防災性の向上をはかる空地自体の役割 ②事業始動期:ある程度、空地が増加すると、それらを用いた小規模な土地区画整理事業の展開が可能となる「つなぎ」としての役割 ③換地計画期:土地区画整理事業等の次なる展開が構想されると、実行のための換地計画が必要となる。空地が、建物の移転先になる「あそび」としての役割
目標の基準	・規定の基準(不燃領域率等)にとらわれず、実際の防災性の改善が目標 ・一方で、事業の到達点を示すことが難しいのが課題
契約期間	・高い実効性をねらい、貸与側のハードルを下げることを目的とした短期契約 ・解体補助のみの活用(契約後の建て替え)となっても、耐火化によって結果的に防災性が上がればよい
課題	・空き家になる前のアプローチが必要

(神戸市担当者に対するインタビュー調査結果より)

の「都市施設」の新しいあり方の萌芽を見て取ることができる。

3　短期間の事業が広がっていくことによる可能性

旧都市計画法（1919年）第1条のなかで都市計画とは、「永久に公共の安寧を維持し、または福利を増進する為の重要施設の計画」とされている。ここから「都市施設」とは永久に効果を発現させるものとされてきたと推察できる。しかし、「まちなか防災空地事業」のように当面の課題解決に資するため時限を区切った短期間の事業を繰り返すことで、施設の整備ではなく地域の小さな変化を重ねていくことで、「状態として」都市環境上の必要な機能を発現させるような都市施設のあり方も想定しうる。[*6]

都市計画法（1968年）では、第11条第1項の各号に定められる14の都市施設が位置づけられてきた。しかし都市施設の問題として、「都市計画の整備が一部の施設に限られているために、都市の環境を施設の面から総合的に整えていくことができない。（中略）教育文化施設、医療施設、社会福祉施設などは都市計画として定められる例はきわめてまれである」[*7]とあり、概念としても運用としても幅のあるものであることが指摘されている。先に見たように、都市

【注】

*1　神戸市住宅都市局計画部まち再生推進課（2016）まちなか防災空地整備事業を進めています

*2　神戸市都市計画総局計画部計画課（2011）密集市街地再生方針

*3　国土地理院　https://maps.gsi.go.jp/development/ichiran.html

*4　*1に同じ

*5　駒ヶ林地区では神戸市「近隣住環境計画」を用いて、ひがっしょ路地のまちづくり計画（駒ヶ林1丁目南部地区近隣住環境計画）」を定め、防災性を高める建て替えとあわせて、建築基準法第42条2項、3項の規定に基づく道路、まちかど広場を整備し、路地構成を残しながら防災性を向上させる住環境を実現した（松原永季・都市環境デザイン会議関西ブロック（2007）神戸市長田区・駒ヶ林の路地をいかしたまちづくり　http://www.gakugei-pub.jp/judi/semina/s0702/ro002.htm（2016年4月20日閲覧））。

*6　筆者が所属していた大阪市立大学都市計画研究室では、これを「状態としての都市施設」概念として、そのあり方を議論してきた。

*7　日笠端・日端康雄（1993）『都市計画（第3版）』共立出版（1977年初版）

*8　時限を区切ることで可能になる所有者の意思決定は、空き家所有者が利活用に踏み切る際にも手がかりになる考え方である。例えば兵庫県篠山市・集落丸山においても10年間という事業期間を設けたことで意思決定が可能になったとされている（本書事例［丹波篠山］74頁）

*9　こうした暫定的な「状態」を評価するために三好らとともに、「都市計画」と「密集市街地」の位置づけから評価する枠組みを提案した（三好章太・嘉名光市・佐久間康富（2017）密集市街地の民有地を暫定利用する防災空地の評価手法の検討—神戸市「まちなか防災空地整備事業」を対象として『都市計画論文集』52巻3号、日本都市計画学会、pp.293-300）。

施設は永久に効果を発現させるものとされてきたといえるが、3～5年という時限を区切ることで所有者の意思決定を促し、[8] 高い実効性を確保してきた「まちなか防災空地」は、一方で空地がほかの用途に置き換わる可能性も包含しながら、地区全体の防災性を向上させる可能性が期待されている。つまり本事業は、時限的であっても「状態として」の効力を向上させる都市施設であるといえる。

一方で課題もある。神戸市の担当者は、事業の必要性を財政担当部局への説明する際に「事業の到達点を示すことができず、現在の進捗状況を評価することが難しい」と述べる(表1)。しかし、事業開始前に、具体の整備目標を定めないまま、各空地の整備が進んでいくところに、本事業の特徴がある。地区全体の防災性の観点からどれぐらい整備すれば到達点といえるのか、当該地区の「状態」を評価する指標自体を新しく構築しながら、「都市施設」の効果を検証していくことが期待される。[9] 更新の難しい都市空間を改善していくために、「まちなか防災空地」のような短期間での整備・転換による波及効果を認め、動的な計画概念を受け入れ、支援していく市民・事業者・行政の理解の広がりが期待される。

（佐久間康富）

【参考文献】

・中井翔太（2014）既成市街地における空地化による市街地再生手法に関する研究—神戸・大阪の取り組みに着目して、大阪市立大学大学院工学研究科修士論文
・中井翔太・嘉名光市・佐久間康富（2012）密集市街地における空き家の実態とその「防災空間」としての活用可能性に関する研究—大阪市鶴橋地区を対象として『都市計画論文集』47巻3号、日本都市計画学会
・野澤康（1993）空地確保による街区環境の改善手法に関する研究『都市計画論文集』No.28、日本都市計画学会
・神戸市住宅都市局計画部まち再生推進課（2016）まちなか防災空地整備事業を進めています
・神戸市都市計画総局計画部計画課(2011)密集市街地再生方針
・神戸市住宅都市局計画部まち再生推進課：密集市街地の再生 http://www.city.kobe.lg.jp/information/project/urban/misshu/index.html（2016年6月26日閲覧）
・松原永季・都市環境デザイン会議関西ブロック(2007)神戸市長田区・駒ヶ林の路地をいかしたまちづくり http://www.gakugei-pub.jp/judi/semina/s0702/ro002.htm（2016年4月20日閲覧）
・日笠端・日端康雄（1993）『都市計画（第3版）』1977年初版、共立出版
・日本都市計画学会編（2002）『実務者のための新・都市計画マニュアル（総合編）』丸善出版
・三好章太・嘉名光市・佐久間康富（2017）密集市街地の民有地を暫定利用する防災空地の評価手法の検討 神戸市「まちなか防災空地整備事業」を対象として『都市計画論文集』52巻3号、日本都市計画学会、pp.293-300

⑥空き地のままの豊かさを見せる

みんなのひろば（松山市）

――社会実験から定着へ、商店街活性化の一手

©小野

名　　称	みんなのひろば
所 在 地	愛媛県松山市湊町3丁目8-16（広場整備前は平面駐車場）
規　　模	約370㎡（およそ縦18.5m×横20m）
設 置 物	芝生広場、土管、丘、噴水、手押しポンプ（井戸）、ベンチ、イス、テーブル、パラソル
事 業 者	松山市
設 計 者	梅岡設計事務所
設計協力者	松山アーバンデザインセンター（UDCM）

1　地方都市の既成市街地での挑戦

愛媛県松山市内にある昔ながらの商店街の一角。楽しげな遊具が揃った児童公園とも、木々で覆われた緑豊かな公園ともほど遠い小さな空き地に、「みんなのひろば」はつくられた。２０１４年11月のオープンから約３年で17万人を超える利用があり、アニメ「ドラえもん」に出てくる空き地のようなこの空間には、平日から休日まで、時間や季節の移ろいとともに、さまざまな世代が集まる。平日の朝は近所の保育園児らの遊び場として、昼間は会社員のランチスポットとして、夕方になると中高生らが集まり、休日には家族連れで賑わうなど多世代に親しまれている。

駐車場を広場化することの難しさ

人口減少・超高齢化、モータリゼーション等に伴う中心市街地の空洞化や賑わいの衰退が日本各地で進行している。このようななか松山市は、新しい賑わいの創出や中心市街地の再開発に向けて、空間の使い方を示すモデルとなること目指し、中心部の低未利用地（図１）を交流広場「みんなのひろば」として整備した。中心市街地の賑わい創出や市民交流等を目的とした広場空間の整備は、全国各地で進められている。しかし、地方都市の既成市街地において、こうした取組みが地域住民から受け入れられ、住民の協力を得ながら広場を運用することは必ずしも容易ではない。特に障壁になるのは、多くの

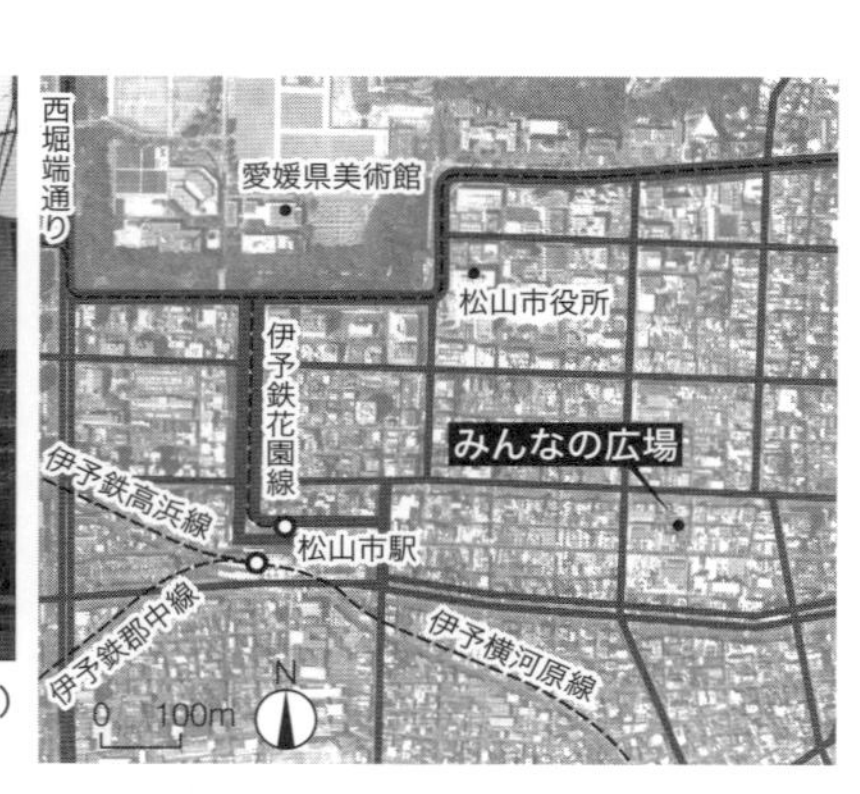

図１　みんなのひろば　左は整備前の様子（2014 年）
（右出典：国土地理院*1 をもとに作成）

地方都市の中心市街地では車での来街者が少なくない点である。駐車場等のスペースを広場に転換することに対して、地元の理解がなかなか得られないのだ。来街者の減少が予測される多くの中心市街地が、このモータリゼーションに起因する問題に直面しているといえる。

2　社会実験による広場化プロセス

空間の創出：空地の活用とワークショップの実施

「みんなのひろば」を運営しているのは、都市計画や空間デザインの専門家で構成される「松山アーバンデザインセンター」(以下、ＵＤＣＭ)という団体だ。２０１４年２月に松山市内の大学、市関係者や地元企業、商工団体などの代表者で組織された「都市再生協議会」の実行部隊である。

松山市にある中心市街地が抱えるのは、市街地の郊外化や空き店舗・低未利用地の増加、歩行者通行量減少、滞留・憩い空間の不足、街なかの回遊性の低下といった課題だ。ＵＤＣＭはこれらを解決することを目的として発足し、歴史や文化を活かした持続可能都市を目指すべく、同年11月に松山市内中心部に活動拠点として空きビルを活用（もぶテラス）するとともに、その対面にある低未利用地を「みんなのひろば」として整備したのである(図2)。

ＵＤＣＭは「みんなのひろば」のほかに多目的スペース「もぶるテラス」(約45㎡)を

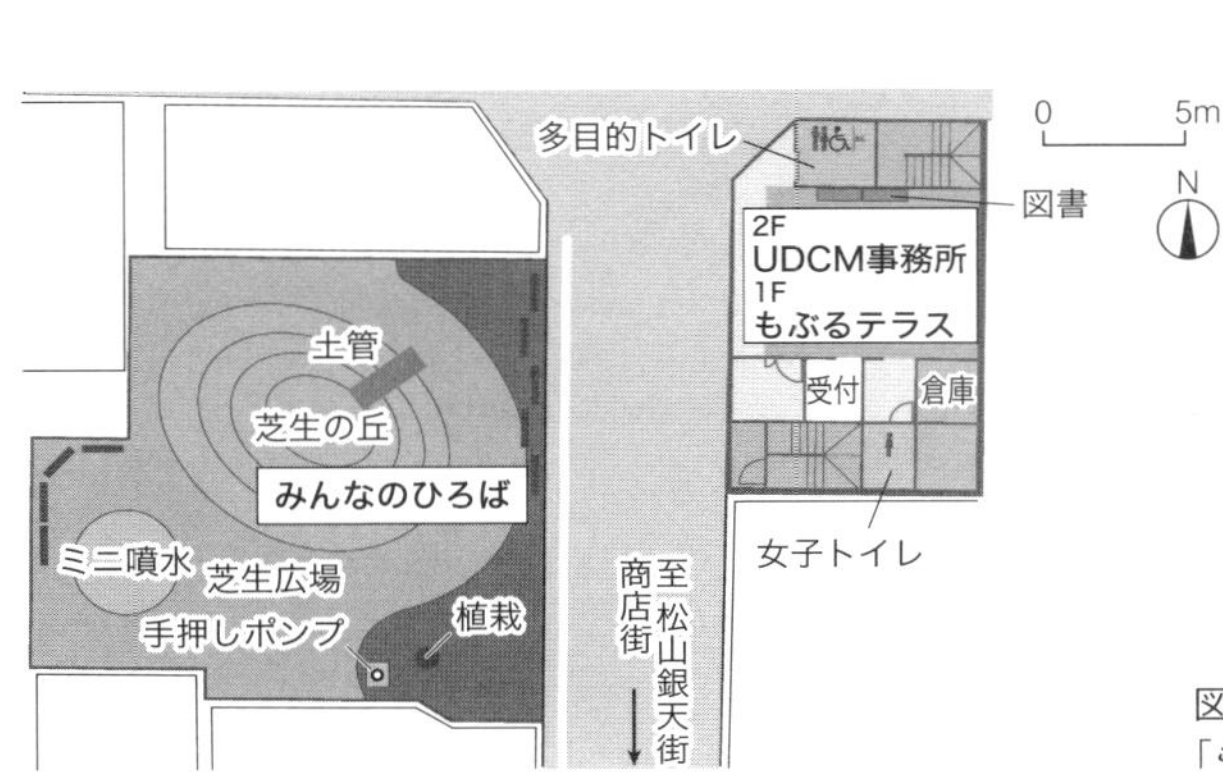

図２「みんなのひろば」と「もぶるテラス」の配置

「まちづくりの拠点」として位置づけ、さまざまなプログラムを試行的に実施している。両プログラムは、効果や運営方法などを検証し、持続的な仕組みを見出すための**社会実験**[用語1]（「松山市中心市街地賑わい再生社会実験」）である。

「みんなのひろば」と「もぶるテラス」は、２０１３年度より「松山都市デザインワークショップ（以下、ＷＳ）」「みんなのひろばＷＳ」を通じて、市民の意見を反映しながら整備された(図３)。前者のＷＳでは、広場を設置する場所の選定などについて松山市の担当者と一般市民が協議し、後者のＷＳでは、松山市とＵＤＣＭが以降のＷＳプログラム自体を検討した。前者のＷＳに参加していた一般市民や子育て支援団体、ＮＰＯ団体、専門学校生、大学生、デザイナー、大学教員が参加し、整備後の広場やテラスでどのようなことをしてみたいか、空間を活用したイベントアイデアやルールについて意見を出し合った。その場で最も共感を集めたのが、近年の中心市街地への子ども連れの来訪者の減少と、郊外への買物行動の流出についてであった。これらを課題として議論した結果、土管や手押しポンプ、水場（噴水）など、「空き地」の魅力を増幅させるアイテム設置のアイデアが出され、実際の広場デザインに採用されている(図４)。

制度の活用：社会実験

先述のとおりこれらの整備は社会実験として実施しており、その期間としては、当初は２０１４年11月～２０１６年2月の予定であったが、利用者も多く、周辺地区の再開発が動き出すといった機運の高まりを受け、２０１８年まで継続した。なお、社会実験中の広場およびテラスの賃料は、松山市が全額負担している。運営に関しては、地元町

図３　整備前のワークショップの様子

用語1　社会実験

社会的に影響を与えるような新しい制度や技術等の施策導入に先立って、地域や関係行政機関が場所・期間を限定して試行・評価することで、新しい施策につなげること。

内会や松山市内の4大学、松山市、地元NPO団体やまちづくり団体の代表、UDCMから構成される「松山市中心市街地賑わい再生専門部会」が担っている。メンバーは、社会実験の進め方や拠点の運営方針、効果検証、活動展開などについて年に数回程度の協議を行う。加えて、UDCMスタッフ、松山市、近隣商店街組合の代表者、地元町内会の代表者、コンサルタント業者から構成される運営委員会を毎月実施し、広場とテラスの利用状況や運営方針、市民から申請されたイベントの審査等について協議・検討している。

都市計画・制度の活用。従来の使い方を疑う

民有地を借り上げ、広場化し、市民に開放するという例は、松山市では稀有な取組みであった。取組みを後押しする制度が整っていなかったため、社会実験として実施しているが、最大の特徴は、この運営をUDCMが行っていることにある。UDCMの実施事業は多岐にわたるが、中心となるミッションは、居心地のよい、質の高い都市空間を「つくり」「育てる」ことにある。道後温泉地区に2017年度に整備された「道後温泉別館 飛鳥乃湯泉」や松山市駅前に位置する花園町通りの整備やマネジメント、広場周辺の再開発の動きもUDCMが支援をしており、こうした動きと連動させ、公共空間の効果を周辺地域のみならず面的な連鎖を生むことが期待されている。

しかし、社会実験という手法がオールマイティというわけではない。本社会実験では、事前に占用使用申請をすれば、運営者以外の他団体であっても広場を無料で利用し、イ

図4　整備後のひろば（日常的な使われ方）

ベントなどの活動を実施することができる。しかし初動期の申請は、UDCMや連携団体が多く、UDCMとつながりのない団体の利用は少なかった。キャパシティの問題以外に、広場における営利活動の禁止という周辺の店舗への配慮を理由とした暗黙のルールが壁となっているのである。その後、地元のまちづくり会社や一般社団法人と連携し、「松山市中心市街地賑わい再生専門部会」という組織をつくることで、マルシェイベントの実施が可能となり、緩やかな営利活動を展開している(図5)。また、このマルシェイベントは、広場だけでなく、花園町通りでも定期的に実施しており、活動の舞台が広がりつつある。

3　人やプログラムをつなぐ装置

地区イメージ（まちの広場化）の共有：具体化に向けた地域の合意形成

UDCMは、市民が広場やテラスに愛着を持てるように、整備前から市民参加型のワークショップを開いたり、整備段階で参加者とともに芝生張りをワークショップ行ったりするなど、さまざまな協働の場を用意した。その甲斐あって「もぶるテラス」では、これらのプロセスにかかわった市民の定期的な利用が見られ、整備プロセスにかかわった学生らは運営スタッフとして、その後も「みんなのひろば」や「もぶるテラス」でイベントを企画・実践することとなった。また、UDCM初動期から継続している「松山アーバンデザインスクール」(以下、スクール)というまちづくりの担い手育成のプログ

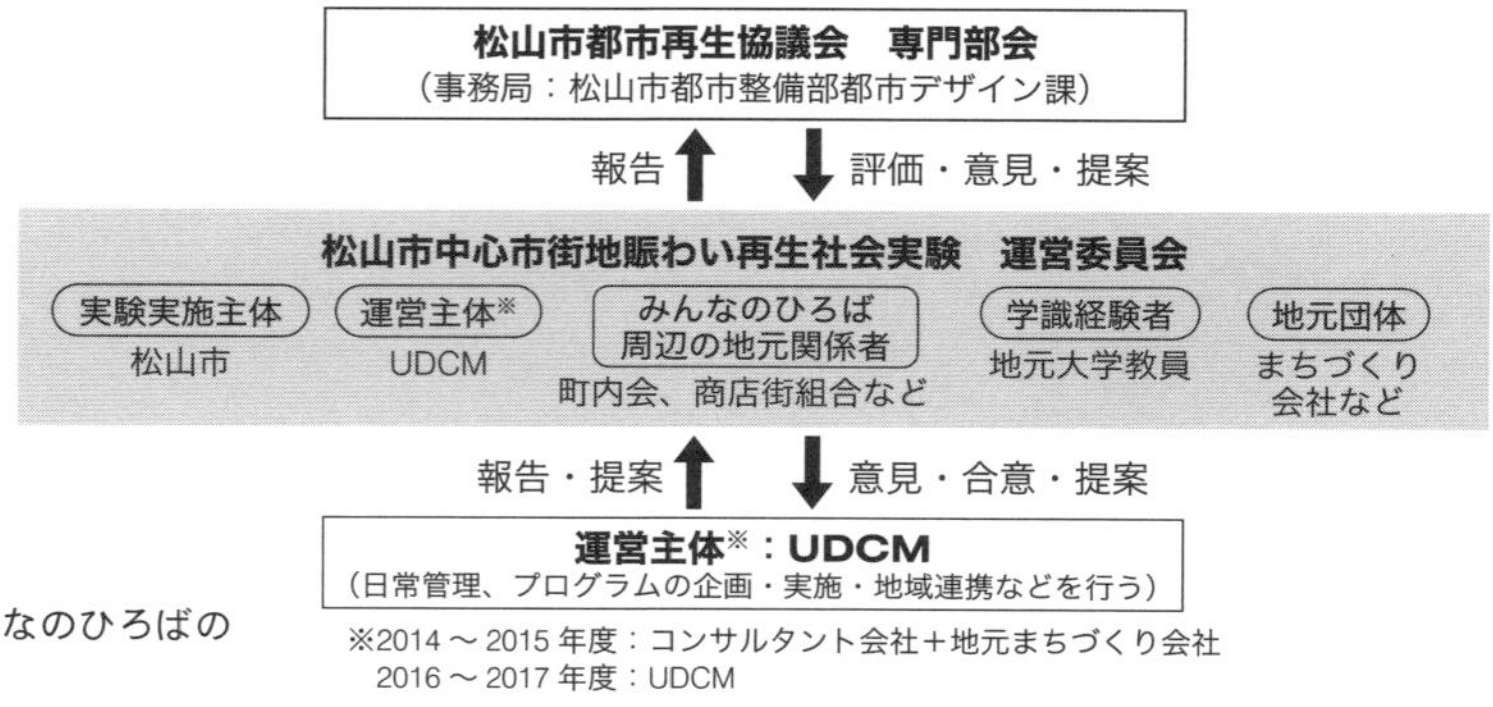

松山市都市再生協議会　専門部会
（事務局：松山市都市整備部都市デザイン課）

報告↑　↓評価・意見・提案

松山市中心市街地賑わい再生社会実験　運営委員会

実験実施主体	運営主体※	みんなのひろば周辺の地元関係者	学識経験者	地元団体
松山市	UDCM	町内会、商店街組合など	地元大学教員	まちづくり会社など

報告・提案↑　↓意見・合意・提案

運営主体※：UDCM
（日常管理、プログラムの企画・実施・地域連携などを行う）

※2014～2015年度：コンサルタント会社＋地元まちづくり会社
2016～2017年度：UDCM

図5　みんなのひろばの運営体制

ラムでも広場やテラスを積極的に活用され、使い方のデモンストレーションとしての役割も果たした。このような広場を舞台とするさまざまな動きは、見方を変えれば、UDCMが有するさまざまなプログラムや人間関係をつなぐ装置として広場が機能しているといえるであろう。

しかし、ステークホルダーの多い個人商店の密集地域において、コインパーキングを広場化することについては、理解が得られにくく、単に賑わいが生まれればよいわけではない。筆者は、UDCM発足の初動期に常駐スタッフとしてかかわっていたが、広場の近所の店舗に何度挨拶しても無視をされる時期もあった。ある程度の来街者数を有する松山の中心部で消費活動の減少や店舗形態の変化などに危機感を持つ店主は少なく、地域に居住する住民も少ない。そのような地域に飛び込んでいくことの難しさを痛感したのである。ただ、広場に無関心であったご近所さんも、例えば、スクールの生徒が実施した広場に土嚢でプールをつくるイベントなど、これまで街中になかったアクティビティが展開されるようになると、イベント時期を尋ねる様子も見られるようになった(図6)。

一方で、広場に人が集まるようになり、周辺のテイクアウト型飲食店の利用客が広場で飲食するようになると、そのような飲食店からは「もぶるテラス」(図7)や「みんなのひろば」へテイクアウトした商品を運ぶサービスや、年末年始の広場閉鎖時の管理への協力などの光景が見られるようになった。広場に面した店舗からは、店舗壁面に描かれた既存の壁画をUDCM関係者と一緒にデザインし直したいという申し出があり、U

図6　学生による土嚢プールイベントの実施

DCMスタッフや美術を専攻する学生らとともにワークショップ形式でデザイン案を考案した。

また、広場の周辺地域との関係を形成するため、日常の維持管理にかかわっている大学生スタッフらが中心となり、広場周辺の店舗を紹介する「ご近所紹介マップ」の作成や、テイクアウト可能な飲食店舗に関しては、施設内で店舗を紹介するために各店舗へ取材に行くなど、積極的なコミュニケーションを図っている。周辺店舗に対して定期的なアンケート調査を見ても徐々に好感度は上がっており、いくつもの地道な取組みが実を結んでいるといえる。

4　中心市街地での定着性

かつてのコインパーキングと比べて劇的に豊かな風景がつくり出された「みんなのひろば」だが、その空間を維持しつつ、まちの人々と関係をつくり、空間の豊かさを伝えていくことは容易ではない。今回は中心市街地賑わい再生社会実験という枠組みでの取組みではあるが、一時的な賑わいの創出ではない人々のアクティビティやネットワークの蓄積は、今後一層役に立つだろう(図8)。この蓄積を土台として、第二、第三と新しい空間創出の動きにつなげ、中

図7　もぶるテラスでの活動時の様子

心市街地での人を中心とする公共空間の定着性へと結実させたい。

今回の中心市街地賑わい再生社会実験の取組みでは、街なかに人が集まる仕掛けとしてのイベント実施やマルシェの開催などを通じて、人々のアクティビティやネットワークを蓄積してきた。社会実験終了後は、この蓄積を活用し、UDCMが整備に関与した花園町通りに拠点を移すことになるが、「みんなのひろば」の周辺で計画されている再開発事業においても広場の整備が検討されている。商店街の傍らに設けた小さな空間は、実験装置として有効に機能し、松山の人々に新しい価値観をもたらしたといえよう。今後もこの価値観を広く共有し続けていくことが、このまちにおける豊かな空間の創出と定着につながるであろう。

（片岡由香）

【注】

＊1　国土地理院　https://maps.gsi.go.jp/development/ichiran.html

【参考文献】

・東川祐樹・松村暢彦・片岡由香（２０１８）まちなか広場における交流行動者間構造に関する研究─松山市「みんなのひろば」をケーススタディとして『都市計画論文集』53巻3号、日本都市計画学会、pp.349-356

図８　地域の祭と連携した使い方

⑦水辺の魅力をまちにつなぐ橋

浮庭橋（大阪市）

——官民協働で想いを継いでいく計画のリレー

名　　称	浮庭橋
所 在 地	大阪市浪速区湊町1丁目と西区南堀江1丁目を結ぶ
隣接施設	キャナルテラス堀江（北岸）、湊町リバープレイス（南岸）
規　　模	橋長76.3m、幅員4.0～6.2m
事 業 者	大阪市
設 計 者	内藤俊彦、アバンアソシエイツ・日建設計シビルJV

1　道頓堀に浮かぶ庭

戎橋は今日も観光客で賑わっている。しかし、そこから西へ数百m下ったあたりは、同じ道頓堀川とは思えない落ち着いた雰囲気に変わる。ひと際目を引くのは、青々とツタを垂らした不思議な橋、その名も［浮庭橋］だ(図１)。川に対して斜めに架かる橋の存在感が水辺のイメージを特徴づけている。橋の上にはベンチや植栽が施され、歩行空間の「橋」としてだけでなく、滞留空間の「庭」としての機能もあわせ持っている。水面に浮かぶこの庭を歩くと、水辺に集う若者やテラス席で食事を楽しむカップルを眼下に眺めながら、川沿いの遠景まで視界が延びていくシークエンスを楽しむことができる。

民によるまちづくりの精神をつなぐ橋

道頓堀は、江戸時代の商人であった安井道頓の発案によって、町衆が私財を出し合って開削した堀であり、１６１５年に完成した。約４００年後の２００８年、その道頓堀に民間企業が建設費の半額を寄付して架けられたのがこの［浮庭橋］である。江戸時代には、大阪の橋はそのほとんどが町衆の架けた町橋と呼ばれるものであり、当時約２００もあった橋のうち公儀橋と呼ばれる公共の橋は12しかなかったといわれている。大阪には現在でも、中央公会堂や中之島図書館をはじめ、民間の私財によって建設された公共施設が多く残されているが、［浮庭橋］はこのような大阪の民によるまちづくりの精神

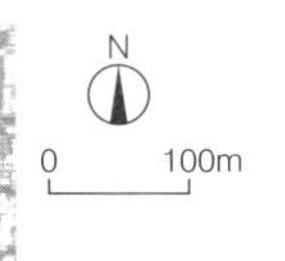

図１　浮庭橋位置図
（出典：国土地理院*1 をもとに作成）

を現在につなぐ橋である。

性質の異なるエリアをつなぐ橋

この橋の価値は周辺エリアの価値を大きく高めたことにある。南岸の湊町リバープレイスと北岸のキャナルテラス堀江を結ぶこの橋は、それぞれの地区の性質をうまくつなぐスケールとデザインをあわせ持っている(図2)。湊町リバープレイスは、旧国鉄湊町駅貨物ヤード跡地の再開発事業の一部としてつくられた大規模複合公共施設であり、道頓堀に向かって設けられた大階段は土木的なスケールの開放感を持っている。一方、キャナルテラス堀江は、若者の集まる堀江の入り口に位置し、各店舗に設けられた大きな窓と倉庫のイメージを継承した勾配屋根やレンガの素材が肌理の細かい洗練された建築を演出している。[浮庭橋]はこれらの二つの質の異なる水辺空間を土木的スケール感で受け止めるとともに、庭空間としての繊細さをあわせ持つことで、大規模な階段空間と瀟洒な建築とをうまく調和させている。

視対象と視点場をつなぐ橋

さらに、[浮庭橋]は見る場所としても見られる場所としても機能

図2　スケール感の異なる北岸のキャナルテラス堀江と南岸の湊町リバープレイスをうまくつないで一体的な空間をつくり出している

を発揮している(図3、4)。橋上から湊町リバープレイスの大階段や遊歩道の円形ステージ、キャナルテラス堀江のファサードやオープンテラスを眺める視線を意識したデザインによって、水辺空間を見下ろす絶好の視点場となっている(図5)。一方、上流の深里橋から見る[浮庭橋]は、2本の主塔からケーブルによって吊り下げられたメインデッキが強調され、まさに水上に浮かぶ箱庭としての様相を呈している。また、湊町リバープレイスの大階段を登れば、[浮庭橋]の全体を俯瞰しつつ、斜行する特徴的な形態や立体的な緑量を一望することもできる。このように[浮庭橋]は視点場としても視対象としても、地域の重要な景観資源となっており、道頓堀の水辺のイメージを一新するランドスケープを生み出している。

2 多様な主体の思いが積層するプロセス

思いを継いでいく2段階コンペの手法

大阪都心に架かる多数の橋のなかでも特異な空間性を持ち、周辺との関係をここまでうまく計画や設計に盛り込むことができたのは、建設プロセスでの設計コンペ導入によるところが大きい。橋の建設にコンペが導入されたのは、大阪市の橋梁としては3例目(大江

(右) 図3 キャナルテラス堀江から浮庭橋をフレームにして湊町リバープレイスの大階段が見える
(左) 図4 湊町リバープレイスから浮庭橋を見下ろすと向こう側のまちなみとの連続性も感じられる

橋・淀屋橋：1935年完成、戎橋：2007年完成）であるが、「浮庭橋」は一般的な設計コンペとは異なり、デザインコンペと公募型設計提案コンペの2段階のコンペが実施された。これによって、用と景の両方を兼ね備え、かつ実現性の高い設計案の選定プロセスが確保された。第1段階のデザインコンペは、2005年4～5月に公募され、60作品の中から最優秀作品2点、優秀作品2点、特別賞2点が選定された。第2段階の設計提案コンペでは、参加希望者が最優秀作品2作品より1作品を選択し、その作品のイメージを損なわない範囲での詳細な設計提案が求められた。2005年12月～2006年2月に公募され、審査の結果、現在の橋の設計案が選定された。さらに、橋の名称も2008年9～10月に公募が行われ、343件の中から「浮庭橋」が採用された。

このように「浮庭橋」の建設プロセスには、デザイン提案者、設計提案者、命名者と複数の生みの親が存在しており、それぞれの橋への思いを継承しながら設計や命名がなされた。空間にかかわる人の思いを積み重ねる丁寧なプロセスが、「浮庭橋」をつくり出したといえる。

バブルの波が計画に及ぼした功罪

しかしながら、往々にして大規模なスケールの公共空間は、それだけでは単調なものになりやすい。ではなぜ「浮庭橋」では、一体開発によるテーマパークのような過度な統一感とは異なる空間の質が生まれているのか。それにはこの場所が積み上げてきた開発の歴史が大きく作用している（表1）。

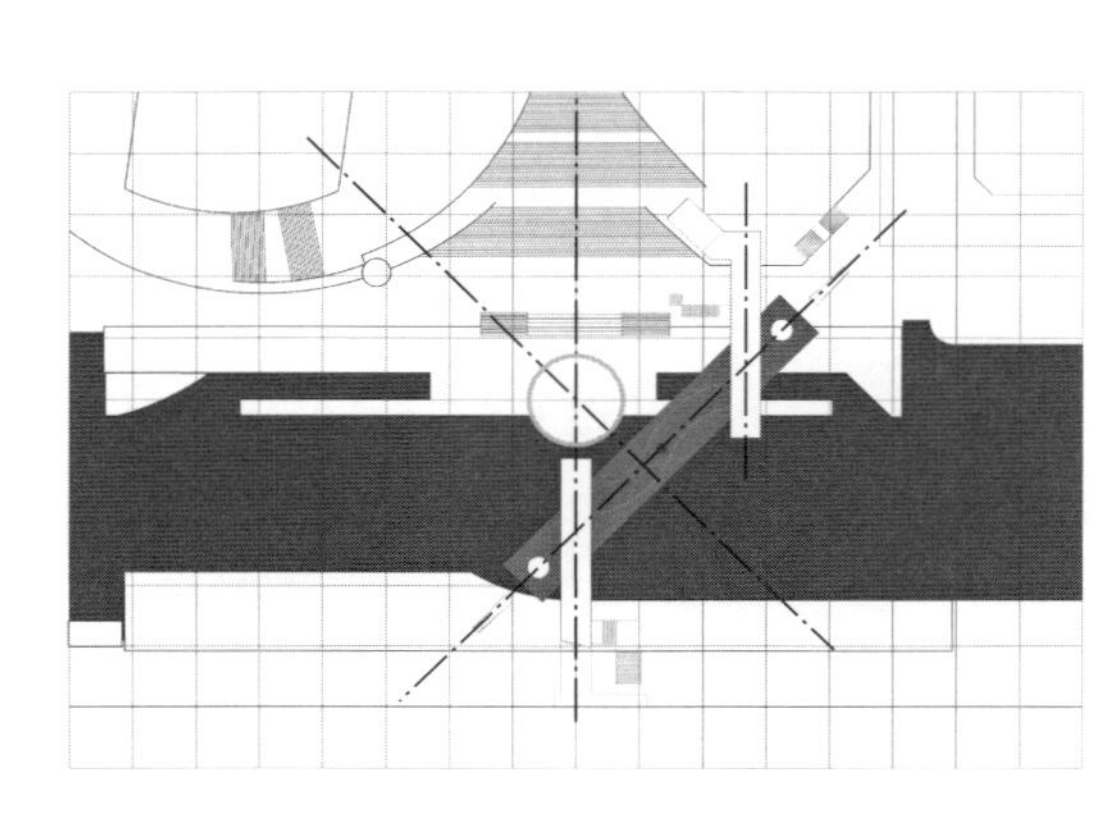

・視線の動き
　→軸の設定、シークエンス
・既設施設への配慮
　→円形ステージを活用
・にぎわいエリアの使い方
　→橋自体がバックステージ
・公共建築のあり方
　→子どもが描きやすい形状

図5　コンペで提示されたデザイン案。流軸に直行する軸と斜行する軸がうまく組み合わされて見る／見られるの関係がつくられている（提供：内藤俊彦）

浮庭橋は道頓堀を挟んで南北に位置する湊町地区と堀江地区をつなぐ橋である。湊町は公共による大規模都市再開発事業、堀江は民間による自発的な商店街活性化の取組みと、それぞれ全く異なる主体と方法によって生まれ変わってきた地区の結節点にあたる。このような地区に挟まれた道頓堀の辺に一軒のレストランがオープンしたのは2002年のことだった。このモダンなチャイニーズレストランは大盛況となり、この水辺に人々を惹きつけるきっかけをつくった。

後にキャナルテラス堀江となるこの道頓堀に面した北岸の敷地は、1989年まで倉庫として利用されていたが、開発計画が打ち出され、1992年に**特定街区**[用語1]に指定された。第1~4街区のうち第2~4街区の容積を上乗せした第1街区の容積率1300%は当時日本一。この特定街区の計画図には第1街区から伸びる道頓堀を渡る「ブリッジ」が書き込まれており、これが［浮庭橋］の計画の端緒であると考えられる。特定街区の指定に際しては、事業者に公共貢献が求められたことや、事業を行う側としても難波方面から人の流れを引き込みたい思惑もあり、事業者はこの時点で人道橋の建設費の半額を負担することを確約した。しかし、バブルの崩壊に伴い経済は低迷。開発計画そのものが凍結されることになる。

前述のレストランがオープンするのはこの時期である。特定街区の規定があったため、もと洗車場だった既存の建物躯体をそのまま活用し、床レベルを数十㎝持ち上げるなどの工夫を凝らして、川に視線が向かうレストランがつくられた。当時、大阪に川を見ながらゆっくりと食事ができるようなレストランは存在せず、現在につながる水辺の商業

用語1　特定街区

有効な空地の確保などにより良好な市街地への整備改善をはかるための制度。建築基準法による一般的規制を適用せず、個々の建築用地をひとまとめにしてブロック（街区）とし、それを一単位として建築物の容積率や高さ制限、壁面制限などを行う。市街地環境の向上や地域の整備改善に寄与する程度に応じて、容積率が割増される。また、隣接する複数の街区を一体的に計画する場合には、街区間の容積率移転が可能であり、キャナルテラス堀江では、第1街区に容積率を集中させた。

表1　浮庭橋の計画・設計年表　❶〜❿のそれぞれの出来事を経て浮庭橋ができあがった

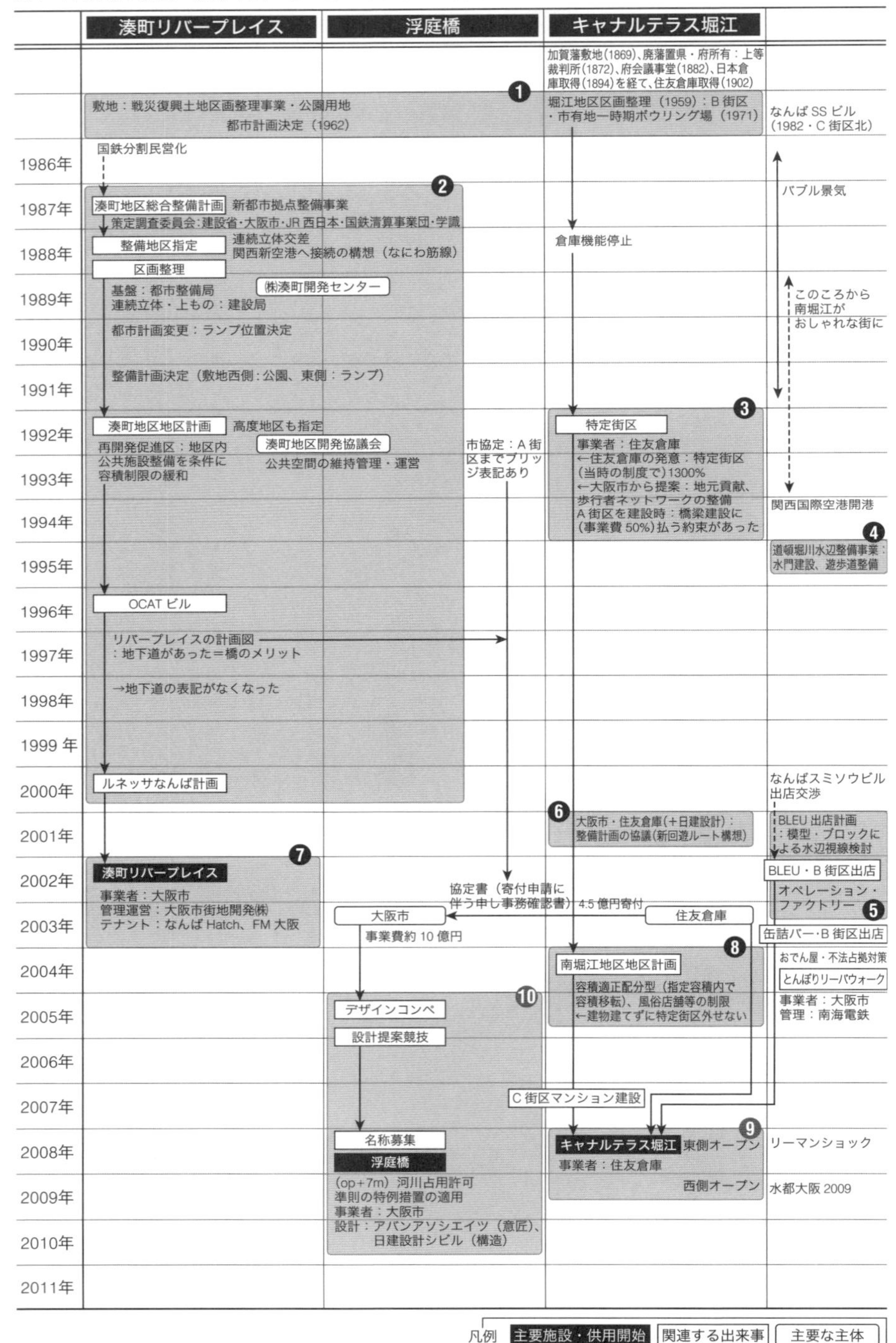

利用の先駆けともなる場所がここに誕生した。これをきっかけに翌年には別事業者による缶詰バーが深里橋のたもとにオープン。２００２年には、前述の対岸の湊町リバープレイスが開業し、さらに、２００４年には道頓堀川上流の戎橋から太左衛門橋間のとんぼりリバーウォークも完成し、この付近の水辺のイメージが大きく変わっていった。

こうした民間飲食店舗の高いデザイン性は、水辺の上質な雰囲気を演出してきた。さらに、それらが連続した体験となることを可能にしたのが現在の［浮庭橋］だ。両岸の開発と橋の建設は、それぞれに事業者も設計者も異なり、一体的なコントロールのもとに整備されたものではない。しかし、そこにはさまざまな主体がかかわるからこそ生まれる複合的な都市空間の魅力が存在している。

3　官民の協働による一体的な水辺空間の創出

柔軟な計画の仕組みと丁寧な設計の手法

その後も水辺の商業利用は地域を賑わせたが、さらなるエリアの活性化を図るため、２００１年ごろから事業者と大阪市で協議が進められ、建築壁面の位置の指定など形態制限が厳しい特定街区から、柔軟な建築計画に対応できる**地区計画**[用語2]の導入が検討された。２００４年に特定街区は廃止され、南堀江地区地区計画が指定された。地区計画では、A地区の容積率が９１０％に指定され、**総合設計制度**[用語3]を併用することで特定街区の時と同じ１３００％の容積率が確保された。地区計画を定めるにあたっては人道橋の建設に

用語2　地区計画
地域地区などの規制だけでは対応できない特定の地区について、土地利用規制と公共施設整備（道路、公園などの整備）を組み合わせてまちづくりを誘導する制度。地域の実情に応じたきめ細やかな計画の策定が可能である。

用語3　総合設計制度
敷地面積が一定規模以上で、公開された空地を確保するなど市街地環境の整備改善に役立つと認められる建築物について、建築基準法による容積率、高さに関する形態規制の一部を緩和できる制度。

対する寄付は条件ではなかったが、事業者はこれまでの約束を踏まえて、誠実に半額を寄付することを決断した。さらに地区計画には、人道橋と一体的な歩行者用通路をB地区で確保することや道頓堀川の水辺空間への動線を確保するための歩行者用通路などの整備方針が盛り込まれた。また、道頓堀川沿いの整備にあたっては、水辺の魅力を最大化するために、既存の堤防を撤去し、ダイレクトに水辺を眺められる構造とすることが決定された。

以後は、浮庭橋とキャナルテラス堀江の開発が同時進行で進むことになり、完成後の運営も見込んださまざまな協議が行われた。例えば、浮庭橋の橋上利用については、**河川占用許可準則の特例措置**[用語4]が認められていたことから、通行部以外の滞留部では、橋と接続されるキャナルテラス2階の店舗から食べ物や飲み物をサーブすることを想定した席を設けることが検討されていた。実現すれば、大阪でも有数の水辺スポットとなっていたはずであるが、橋上店舗はいまだに実現されていない。また、橋のレベルとキャナルテラスの2階部分の高さ調整はもちろん、2階店舗からできるだけ水面が見えるような橋脚の配置の検討などもなされた。店舗から水辺に降りる階段は、当初は幅の狭いものを複数設置する案であったが、対岸のリバープレイスの人の利用を見て、階段に座って水辺を眺めるとい

用語4　河川占用許可準則の特例措置

都市再生や地域の活性化寄与する社会実験において、河川敷地占用許可を受けることができる占用主体及び設置することができる占用施設の範囲を一部拡大する措置。占用施設にイベント広場・施設や船上食事施設などが追加され、ベント施設と一体に設置された飲食店等を民間事業者が運営することが可能となった。都市再生プロジェクトや地域再生計画等の地区内において河川局長が要件に該当すると認めた区域にのみ適応された。２００4年3月23日に国土交通事務次官より通知。

う行為を誘発するために幅の広いものに改善された。あわせて仕上げ材も官民で同じ色や質感になるように調整するなど、さまざまな協議を重ねて、橋と沿岸が一体的なデザインとなるような工夫が重ねられた(図6)。

「浮庭橋」の背景にあるエリア開発の歴史を紐解くと、民間開発の推進が都市空間の総合的な質を高めることにつながり、結果として公共空間の価値も高めたことがわかる。単一の主体がつくる空間よりも官民の複数の主体がそれぞれの持ち味を発揮することで多様性が生まれ、相乗的な効果が発揮されるといえる。

4 空間の魅力をつなぐ計画のリレー

ある限られた空間だけが美しく過ごしやすい場所になったとしても、周辺にその魅力が広がっていかなければ、切り取られた異空間内での閉じた体験に終わってしまう。地区や地域のスケールにも影響を与えるような効果を波及させるように、周辺との関係を計画や設計に盛り込むことができれば、空間の質感が都市に滲み出し、まち全体の魅力が育まれていくはずだ。「浮庭橋」はまさにこのような、隣接する空間の持つ魅力をつなぐための橋として機能している

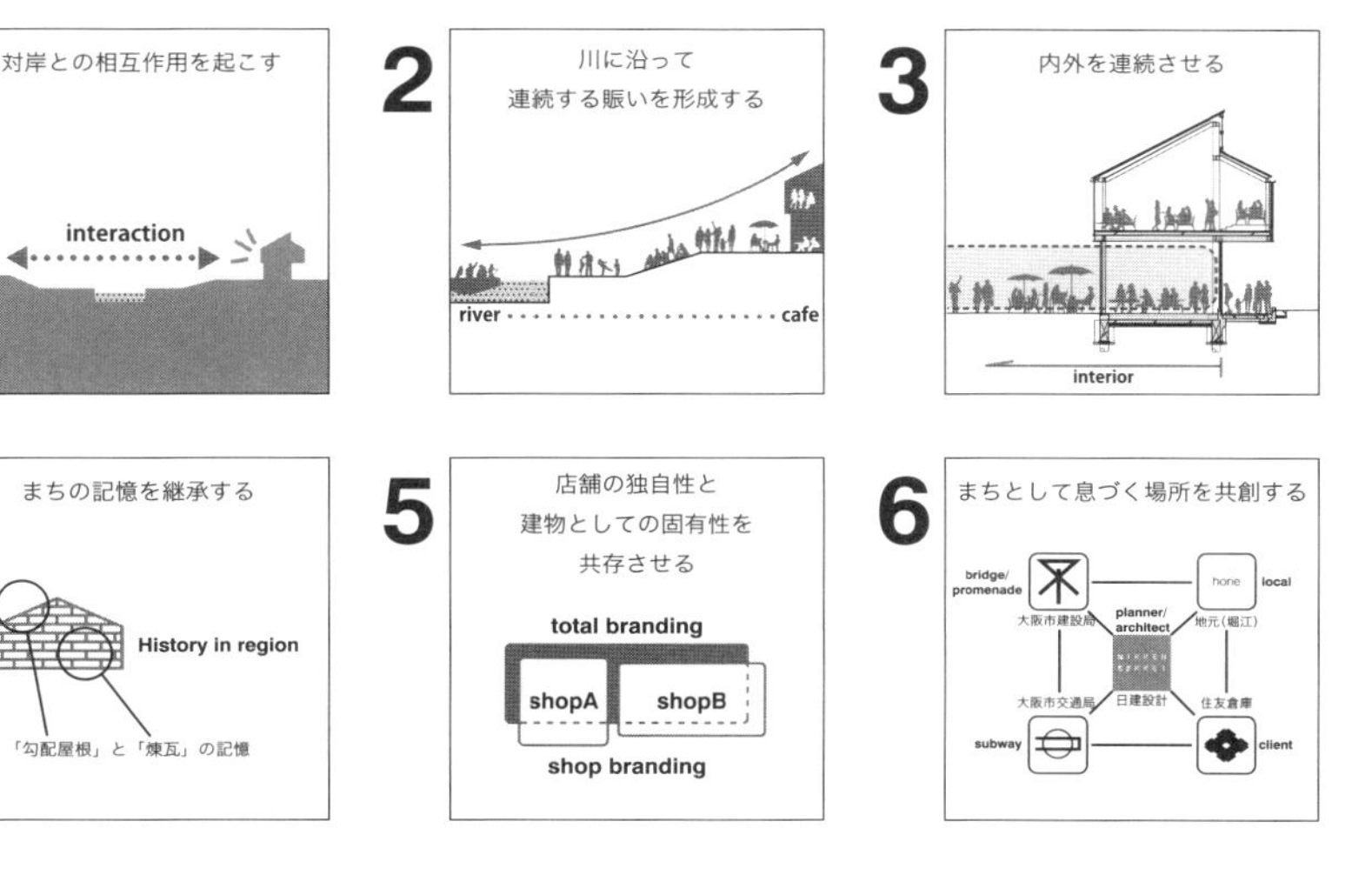

図6　キャナルテラス堀江の設計の六つのポイント（提供：日建設計 萩森薫）

（図7、8）。

このような空間をつくるプロセスにおいては、度重なる協議が繰り返された。ここで重要なのは、すでにある空間の計画や設計を引き立たせるように意志のバトンをつないでいくことだ。［浮庭橋］を実現させたこのようなプランニングのリレーは、関係者が一堂に会して話し合う、表層的な調整のみでつくる手法とは異なり、それぞれの思いを汲み取りつつも、そこに新たな思考の積み重ねを築いていく手法である。そしてこのようなスタンスを可能にしたのは、総合的な都市ビジョンを継承しつつ、ゆっくり時間をかけながら開発を進めてきたこの地区ならではの粘り強さだ。それぞれの空間の機微を大切に読み取りながら、互いのよさを引き立て合うように呼応する空間の積層が、一連の都市的な空間体験に収斂している。次に必要な空間を柔軟に思い描く時間のかけ方こそが、まちのプランニングの大切な作法である。

［浮庭橋］は、長い時間と多くの人の関わりによって実現した想いをつなぐ架け橋だ。行政・事業者・設計者・利用者などさまざまな人々の水辺に対する想いがこの橋を支えている、いや浮かせているのだ。

（武田重昭）

図7　川面に浮かぶ庭空間として地域住民にも愛されている

（左頁）図8　都心部の公共空間として夜間も若者に利用されている

【注】

＊1　国土地理院　https://maps.gsi.go.jp/development/ichiran.html

【参考文献】

・泉英明・嘉名光市・武田重昭ほか（２０１５）『都市を変える水辺アクション』学芸出版社、pp. 126-128
・大野良昭（２０１１）大阪道頓堀川人道橋「浮庭橋」『都市＋デザイン』第29号、都市づくりパブリックセンター、pp. 15-18
・殿本卓（２０１３）今昔「大阪湊町」『区画整理』第56巻８号、街づくり区画整理協会、pp. 36-42
・長谷川弘直・荘田隆久（２００３）立体広場・ボードウォークのランドスケープ道頓堀・リバープレイス『ランドスケープデザイン』No.34、マルモ出版、pp.50-52
・渡辺一郎（２００３）大阪・ミナミにおける建築土木の融合街の交流―そして憩いの創出『ランドスケープデザイン』No.34、マルモ出版、pp. 53-54
・吉村美貴（２００４）『大阪力辞典―まちの愉しみ・まちの文化』（大阪ミュージアム文化都市研究会編）創元社、pp. 119-121

⑧地域のビジョンを実践でかたちづくる

丹波篠山（丹波篠山市）

――農都に積層する空き家再生の面的展開

名　称	丹波篠山
所在地	主に兵庫県丹波篠山市城下町地区
規　模	約140ha
関係者	空き家所有者、NPO法人集落丸山、NPO法人町なみ屋なみ研究所、一般社団法人ノオト、一般社団法人ROOT、丹波篠山市

1　積層する暮らしの景観

兵庫県丹波篠山市は大阪駅から福知山線で1時間ほどの、人口4万1490人、1万5578世帯[*1]のまちである(図1)。篠山城跡を中心とする市街地には、春日神社や酒蔵、古民家と、**重要伝統的建造物群保存地区**[用語1](御徒士町武家屋敷群、河原町妻入商家群)をはじめとした江戸時代からの伝統的なまちなみが、周辺の現代的な生活空間とほどよく混じり合いながら残っている。二階町周辺の目抜き通りは、秋の行楽シーズンには自動車が徐行運転をせざるを得ないほどの賑わいを見せ、多くの観光客が黒豆の枝豆や焼き栗の購入を楽しみながらそぞろ歩きをする。

里山とともにある暮らしはいまも色濃く、目抜き通りから一本裏手の路地に入った途端に風景は一変し、昔ながらの暮らしが息づいている。城下町を離れると、黒豆の畑や水田からなる田園風景が広がり、田園の街道沿いにはいくつかの集落が点在する。そのうちの一つである福住地区は、市二つめの重要伝統的建造物群保存地区に選定されている(図2、3)。

積層する暮らしの景観

かつて京都と山陰・山陽地方を結ぶ街道があり、京文化や播磨地方の影響を受けて城下町として栄えた「丹波篠山」。日本遺産「丹波篠山デカンショ節　民謡に乗せて歌い継

用語1　重要伝統的建造物群保存地区
文化財保護法で定められている文化財の一つ。歴史的な集落・町並みの保存のため、市町村が伝統的建造物群保存地区を決定し、市町村の申出をうけて国が選定したもの。

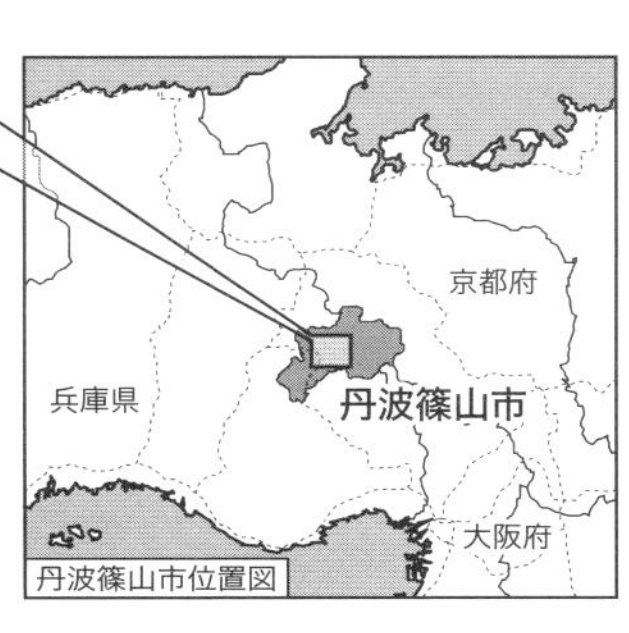

図1　丹波篠山・集落丸山位置図（出典：国土地理院[*2]をもとに作成）

ぐふるさとの記憶」に認定された伝統文化も息づくこのまちに広がるのは、豊かな「生活景」[*3]である。長い年月をかけて形成されてきたまちなみと現代の人々の暮らしの息づかいが同時に感じられるまちなみを背景にして、近年では古民家をリノベーションしたギャラリー、レストラン、カフェ、ホテルといった物件が面的に広がっている。一つひとつの物件は、「生きた建築」[*4]として、伝統的な建築物を舞台に現代の営みが展開され、エリアリノベーション[*5]と称される様相を見せては注目を集め、［丹波篠山］独自の景観が新しく創造されてきている。

こうした古民家（空き家）再生の面的な広がりは、どのようにしてなしえてきたのだろうか？

2　面的に広がった古民家再生のプロセス

［丹波篠山］において古民家再生の面的な広がりがなしえたプロセスについて、地域ビジョンの共有、地域ビジョンの具現化、古民家再生の面的展開、という3段階から捉えたい。

図2　篠山伝統的建造物群保存地区（御徒士町武家屋敷群（左上）、河原町妻入商家群（右上））、福住伝統的建造物群保存地区（右下）

イベントによる地域ビジョンの共有

丹波篠山市の近年の動きにつながる原点は、２００９年に開催された「丹波篠山築城４００年祭」だといわれている。

丹波篠山市（当時・篠山市）はそのころ、財政危機への対応が政策的な課題となっており、新しく市長となった酒井隆明氏によって、財政再建への取組みが進められていた。コストカットが中心となっていた市の再生計画ではあったが、その一方で、市民の希望につながるようにと企画・開催されたのが、「丹波篠山築城４００年祭」である。市民による市民のための祭りとして企画立案される過程で、多くの市民団体や担い手が発見され、主体間の連携が進んだ。この祭りを通して関係者間で共有されたのが「ここに暮らす人々や、丹波篠山に魅力を感じる人々とともに新たな価値を創造し、未来を創り上げるまちづくりを進める」といった「丹波篠山」のビジョンである。このビジョンこそが、その後のまちづくりの土台をかたちづくったといえる。

地域ビジョンの具体化

「丹波篠山築城４００年祭」の目玉事業の一つとして取り組まれたのが、集落丸山プロジェクトである。丹波篠山市の丸山集落において空き古民家を「集落丸山」という宿泊施設に再生させたプロジェクトだ(図４)。当時、丸山集落には5世帯19人が住み、12戸のうち7戸が空き家であった。さまざまな補助事業の活用、行政や専門家の支援を受けながら、一般社団法人ノオトが集落住民を交えた話し合いを重ね、「集落の暮らし」を体

図３　黒豆の畑や水田からなる田園風景

験する滞在施設として3棟の空き家を再生させた[*6](図5、6)。日常的な運営は、集落の人々が設立したNPOによって行われている。

きっかけとなった空き古民家再生プロジェクト

一連のプロジェクトの発端は、2007年当時、集落外に住んでいた夫婦が、母親から引き継いだ丸山集落の古民家を、兵庫県の「古民家再生促進支援事業」を活用し空き家診断に申請したことだ。これをきっかけに、丸山集落の古民家と集落景観の価値が周囲の専門家、関係者に発見された。2008年、『新たな公』によるコミュニティ創出支援モデル事業」[*7]により、丹波の森研究所が集落再生のためのワークショップを任された。2008年9月〜2009年3月にかけて、専門家と集落住民で7回の話し合いが重ねられ、5回の学習サロン、2回のおもてなし講座を経て、農家民宿の立ち上げに向けた集落住民の意識が確認された。2009年2月、国土交通省の「地域住宅モデル普及推進事業」[*8]により、古民家改修の助成を得て、古民家改修が着手された。同年9月には、集落住民らは事業主体としてNPO法人集落丸山を設立し、一般社団法人ノオトとともに**LLP(有限責任事業組合)**[用語2]集落丸山プロジェクトを立ち上げ、2009年10月、「丹波篠山築城400年祭」の一環として集落

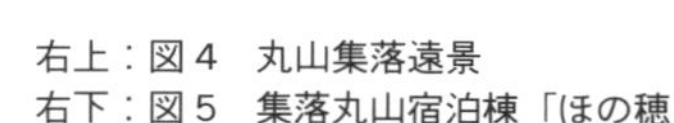

右上:図4　丸山集落遠景
右下:図5　集落丸山宿泊棟「ほの穂」外観
左上:図6　集落丸山宿泊棟「明かり」内観

丸山がオープンした。

年限を区切ることで可能となる決断

この集落丸山プロジェクトの特徴は、10年間と期限が定められていることにある。空き家所有者がＬＬＰに対して10年間無償で空き家を貸与し、その事業期間に得られた余剰金は集落ＮＰＯとノオトで折半し、事業期間終了後、改修された空き家は所有者に返還され、事業継続の可否については、協議により定めることとなっている。

集落住民のインタビューでは、「10年と年限を区切ることでプロジェクトを始めることができた」という声を聞くことができた。未来永劫、集落の生活と両立したプロジェクトを進める決断はできないが、10年という見通しの立つ年限を区切ることで、やってみようという決断ができたといえる。

「丹波篠山築城４００年祭」において関係者で共有されていた地域のビジョンが、集落丸山の実現により具体のかたちになった。特に、モノとしての古民家を再生させるだけでなく、地域の持つ伝統文化や資源を活かした料理の提供や体験型のイベントを実施した集落丸山の取組みを通じて、人々の「なりわいと暮らしの再生」を実現する事業モデルが確立したといえる。

用語2　ＬＬＰ（有限責任事業組合）

Limited Liability Partnership。創業を促し、共同事業を振興するため２００５年に創設された組合の特例。出資者全員の有限責任、内部自治の徹底、構成員課税の適用の特徴を持つ。

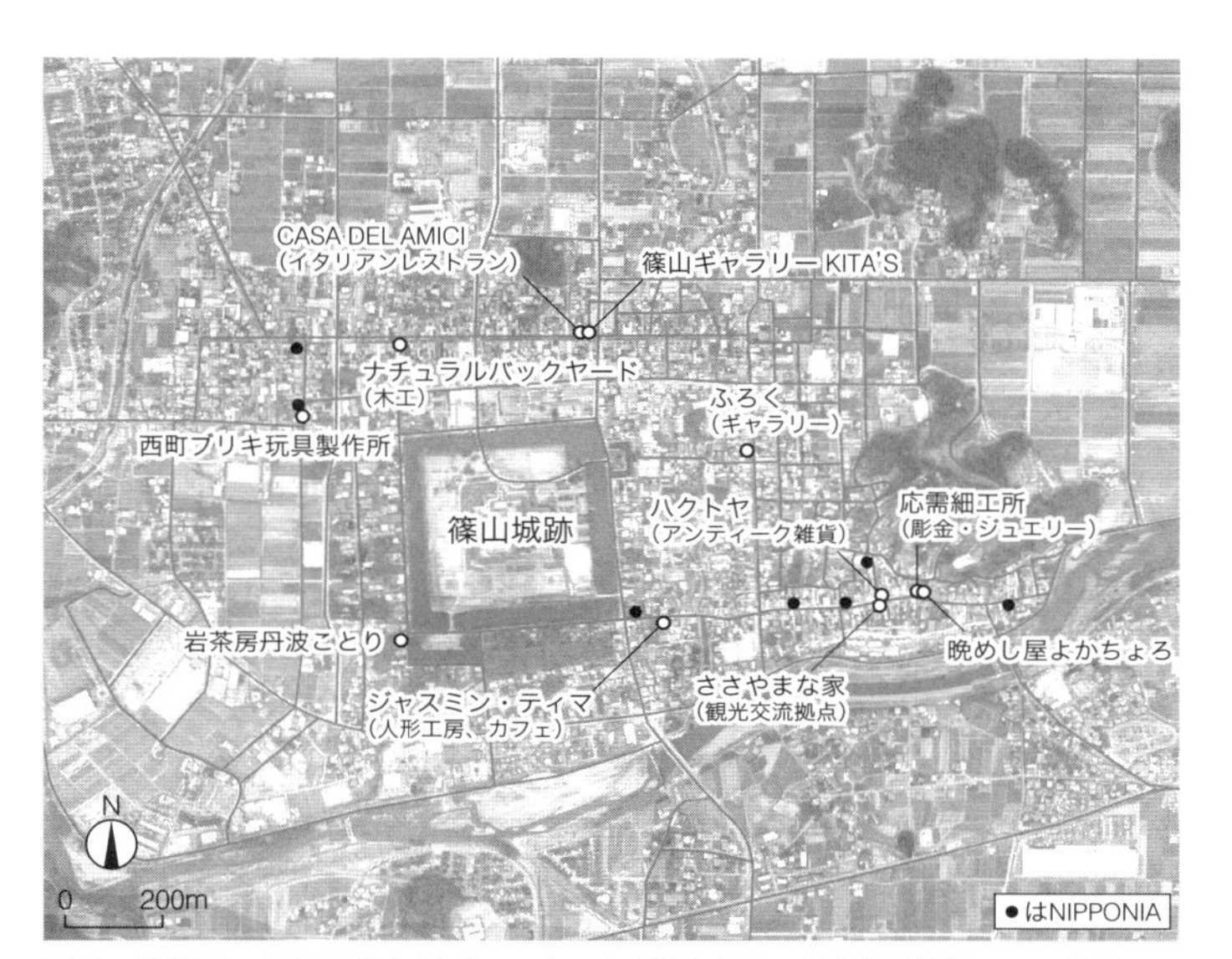

図７　城下町エリアの主なリノベーション事例（出典：国土地理院＊2 をもとに作成）

古民家再生の面的展開へ：実践がかたちづくる地域ビジョン

集落丸山の取組みが連鎖するように、篠山城下町での古民家再生が展開していった。一般社団法人ノオト、NPO法人町なみ屋なみ研究所などの専門家集団がかかわった物件は2008年から始まって、2017年現在で城下町エリアだけで22棟に上っている(図7)。専門家集団や地域の取組みがあったことはもちろんだが、その背景には、集落丸山というプロジェクトが具現化していたことで、「集落丸山のようになるのであれば(再生をお願いしたい)」と古民家の所有者の理解を得る助けになった。集落丸山が次に続く物件の先行事例となって、次々に展開していっている様子がうかがえる。また、篠山城下町地区にとどまらず、その周辺の農山村エリア、福住地区などにも広がりを見せている。

これら集落丸山以降の連鎖には、明示的な「計画」があったわけではない。目の前の物件に向き合い続けてきた結果であるといえる。実は集落丸山のプロジェクトによってビジョンの実践が顕在化する以前から、古民家を再生する機運が高まっていた。1年前の2008年には、城下町にあるギャラリーがオープンした。NPO法人町なみ屋なみ研究所の酒井宏一氏が、売りに出された古民家を目にするなり買い取ってしまい、同NPOが古民家再生ボランティアの仕組みをつくって再生させた。同じころ、後に一般社団法人ノオトの代表理事となる金野幸雄氏(当時・篠山市副市長)も、解体工事が目前に迫った古民家を買い取り、再生させていた。これらの単独で展開されていた活動を、面として展開させる契機となったのが、集落丸山プロジェクトといえるだろう。

図８　一般社団法人ノオトらが手がけるNIPPONIA

３　リノベーションの面的展開における「計画」の役割

実践が先行し、事後的に立ち現れてくるビジョン

集落丸山は、専門家によって偶然にも地域資源の価値が「発見」され、面的な再生の展開への契機となった。関係者が語るように、目の前の空き古民家の価値を活かそうとする思いこそがあり、再生の前提となるまちの大きな将来像である「計画」はなかった。しかし、一つの物件が次の物件の先行事例となり、連鎖するようなかたちで再生が展開してきた過程を振り返ると、「丹波篠山築城４００年祭」で漠然と共有された地域ビジョンが背景となり、一つひとつの物件が目に見えるかたちで具現化することで、連鎖的に展開したといえるのではないか。つまり、主体的に共有されるビジョンとしての「計画」は、事後的に立ち現れてくる場合もある、といえる。

「丹波篠山」の事例では、実践によってビジョンがかたちづくられ、事後的であっても進むべき方向性が共有され、さらにその後の再生活動を支援する枠組みとなるような「計画」の役割を見て取ることができる。

そして近年「丹波篠山」では、こうした「計画」が発展し、新た

【注】

＊1　２０１５年国勢調査

＊2　国土地理院　https://maps.gsi.go.jp/development/ichiran.html

＊3　生活景とは、後藤春彦（２００９）によって「生活の営みが色濃くにじみ出た景観。特筆されるような権力者、専門家、知識人ではなく、無名の生活者、職人や工匠たちの社会的な営為によって醸成された自主的な生活環境のながめ」とされている。

＊4　生きた建築とは、生きた建築ミュージアム大阪実行委員会によって「歴史的な建築から現代建築まで、歴史や文化、市民の暮らしぶりといった都市の営みの証であり、様々な形で変化・発展しながら、今も生き生きとその魅力を物語る建築物」のこととされている。

＊5　エリアリノベーションとは、単体の建築を再生するリノベーションがあるエリアで同時多発的に起こり、エリア全体の空気を変えていくこと。馬場正尊らの著作で示された概念。p.192参照。

＊6　その後、1棟は市内に転居していた住民が戻ってきたため、２０１９年現在宿泊施設としては2棟が稼働している。

＊7　「新たな公」によるコミュニティ創生支援モデル事業：国土形成計画が掲げる「新たな公」による地域づくりの全国展開を促すため２００８、２００９年度で国土交通省により行われた事業。高齢化等によりコミュニティ機能が低下している集落等において住民、地域団体、ＮＰＯ等の多様な主体が協働し、地域資源を活用してコミュニティを創出しようとする活動がモデル的に実施された。

＊8　地域の特性に応じた長寿命の住宅の普及に資するため、地域での生活体験の滞在施設の整備等の費用の一部を国土交通省等が補助する事業。

＊9　さらに空き家に隣接する空き地を有効活用することで、空き家の奥のスペースの利用価値を向上させ、空き家全体の価値向上につなげるビジョンも提示されている。低密度な市街地の価値向上の方向性が示されている。

な展開に至っている。城下町全体を一つのホテルに見立て、まちに広がった建物一つひとつが客室となるＮＩＰＰＯＮＩＡである（図８）。一施設でサービスを完結させるのではなく、受付となる建物、客室となる建物を分散させることで、宿泊客がまちに開かれレストランや商店を回遊することができる。国家戦略特区の適用を受けることで２０１５年10月に開業した。立地適正化計画に見るような施設を集約させる市街地像ではなく、施設を点在させエリア全体の価値を向上させる――人口減少化の低密度な市街地の状況をしなやかに受け止める「分散型開発」という新たなビジョン[*9]が具現化している。

「丹波篠山築城４００年祭」で共有された漠然としたビジョンが、集落丸山、城下町エリアでの面的展開という実践が積み重ねられることで、「分散型開発」というビジョンに結実したといえるのではないか。

（佐久間康富）

【参考文献・ＵＲＬ】
・ＬＬＰ丸山プロジェクト（２００９）ＬＬＰ丸山プロジェクトの概要
・篠山市・㈶兵庫丹波の森協会丹波の森研究所篠山分室（２００９）聚落丸山地域づくりワークショップ講座記録集
・一般財団法人ノオト（２０１０）丸山集落の物語
・金野幸雄：空き家活用と地域再生　http://www.47news.jp/47gj/latestnews/2013/04/1436010.html（２０１４年10月20日閲覧）
・横山宜致（２０１４）篠山の町並み保全と空き家活用―歴史的なまちの空き家対策とまちづくり、平成二六年度日本民俗建築学会公開シンポジウム講演資料
・谷垣友里・片平深雪（２０１４）『丹波篠山―古民家を〝めぐる〟見聞帖』一般社団法人ＲＯＯＴ
・川井田祥子（２０１４）漂泊的定住者がひらく創造的解決への扉―篠山市『創造農村―過疎をクリエイティブに生きる戦略』（佐々木雅幸ほか編）学芸出版社、pp.154-171
・坂井健・嘉名光市・佐久間康富（２０１４）農山村地域における古民家民泊事業の展開と住民意識に関する研究―兵庫県篠山市丸山集落を事例に『日本都市計画学会関西支部研究発表会講演梗概集』
・横山宜致（２０１５）イベント開催から地域マネージメントへ「今の暮らしを維持・継承する地域経営」―篠山市「集落丸山」の取り組み『建築とまちづくり』№４４７、新建築家技術者集団
・一般社団法人ＮＯＴＥ（２０１５）集落丸山「これまで」と「これから」―丸山地区空き家活用計画策定調査報告書
・馬場正尊＋Open A編著（２０１６）『エリアリノベーション―変化の構造とローカライズ』学芸出版社

⑨民有地をまちに還元する

北加賀屋（大阪市）

——地主の心意気が生む工場遺産の創造的活用

名　称　　北加賀屋クリエイティブビレッジ構想
所在地　　大阪府住之江区北加賀屋
規　模　　約23ha
事業者　　千島土地株式会社、一般財団法人おおさか創造千島財団

1　かつての造船業の地で生まれる文化芸術の創出

文化芸術のまちの風景

ある工場地帯の一角で多くの若者や子ども連れの家族などで賑わうイベントが年に1回開催される。今年で開催2年目を迎えた、大阪から関西のローカルカルチャーを発信する出版社・インセクツが主催するブックマーケット「KITAKAGAYA FLEA」(図1)だ。会場には、かつて造船所だった跡地の事務所棟を使う。旧製図室の巨大空間の中でのブックマーケットには多くの人で賑わい、来訪者は飲食や音楽を楽しみながら、雑誌や雑貨を手に取り思い思いの時間を過ごしている。

「クリエイティブセンター大阪（CCO）」では定期的に、元造船所の大空間を活かし、このようなマーケットやデザインイベントが開催されている。かつて造船業で栄えた大阪市南部の港町［北加賀屋］はこうしていま、創造性あふれるまちに変わりつつある。

北加賀屋のまちづくりの経緯

この地が創造拠点として注目されはじめたのは、いまから約15年前のことである。2004年のNAMURA ART MEETINGにはじまり、2009年の北加賀屋クリエイティブビレッジ構想の提唱以降、アーティストインレジデンス、クリエイターのオフィス、多様な世代が集う農園、北加賀屋つくる不動産など、さまざまな分野の事業を展開して

図1　北加賀屋 FLEA 開催の様子

いる（表1）。これらの活動の受け皿となる土地や不動産の大部分は、千島土地株式会社が所有している。そして、この千島土地こそが、［北加賀屋］に文化芸術の種を撒いた張本人であり、数多くの創造拠点群は一民間企業の私有する土地で開発されているのである。一連の継続的な取組みの柱となっているのが、千島土地の代表取締役社長であり、おおさか創造千島財団の理事長でもある芝川能一氏だ。

2 芸術・文化による創造的活用の取組み

未利用資産の創造的な活用の経緯

千島土地はもともと、この地の港湾地区の土地一帯を所有し、造船業関係の事業者を中心に土地を貸していた。しかし近代以降の産業構造の変化に伴い地域の基幹産業であった造船業は陰りを見せはじめ、次第に機能を失った土地や建物が増加していく。1988年には、4万2000㎡にも及ぶ株式会社名村造船所の工場も、建物ごと返還されることとなる。

返還された名村造船所跡地の活用方法が文化芸術の分野へ方向づけられたきっかけをつくったのは、アートプロデューサーの小原啓渡（こはらけいと）氏だ。名村造船所跡地の活用について芝川氏が相談したところ、

表1 北加賀屋クリエイティブビレッジの取組み経緯

年	施設／取組み名称	カテゴリ	内容
2004	コーポ北加賀屋	協働スタジオ	コーポ北加賀屋、NPO法人remoの入居からはじまり、現在6団体が入居し、クリエイティブコンテンツの拠点となっている
2005	クリエイティブセンター大阪	複合アートスペース	具体的な活動としては、2005年に名村造船所跡地を改装し創造スペース「クリエイティブセンター大阪」を開設。また、住之江区役所や地域の住民と協働して、名村造船所跡地を活用した地域活性化にも取り組む
2009	空き家再生プロジェクト	テナントリーシング	保有の空き物件をアーティスト等に相場より安価な賃料で提供し、北加賀屋地区へのアート関係者の転入を促進している
2011	おおさか創造千島財団の助成事業	助成事業	阪の創造環境の向上、つまりアーティストやクリエイターが活動しやすい状況を整備し、また創造性が触発されるような環境を生み出すことを目的として、以下の助成プログラムを実施 ・創造活動助成（公募） ・スペース助成（公募） ・パートナーシップ助成（非公募）
2014～	MASK（MEGA ART STORAGE KITAKAGAYA）	作品の収蔵・公開	・約1,000m²の工場・倉庫跡を、大型作品を無償で保管・展示する取組み。 ・オープンストレージ：ミュージアムが展示しきれない膨大なコレクションを研究や鑑賞などの目的で限定的に公開する施設や鑑賞ツアーなど、欧米で始められた取組み
2016	集合住宅APartMENTの竣工	賃貸集合住宅の整備	芸術家やクリエイターを地区内に呼び込むことを目的として、DIYが可能な賃貸集合住宅を整備
2017	千島文化プロジェクト	交流スペースの整備	芸術家やクリエイター、地域の住民がゆるやかにつながる交流スペースとして、築59年の旧文化住宅を再生

造船所跡地の魅力に気づいた小原氏からイベント開催を切望され、小原氏を実行委員会に迎えたアートプロジェクト「NAMURA ART MEETING」が開催されることとなった。このイベントが「北加賀屋」の芸術・文化を活用したまちづくりとしてのキックオフイベントとなる。

その後、芝川氏は「水都大阪」開催に向けた２００６年の視察旅行でのストラスブールで出会ったロワイヤル・ド・リュクスの作品を見た時、文化・芸術が人に感動を与える可能性を改めて目の当たりにし、文化・芸術によるまちづくりを進めるうえで、感動を与えられる人を育てていきたいという自身の役割を強く考えるようになる。[*1]

名村造船所跡地は、アート複合スペース「クリエイティブセンター大阪（以下、ＣＣＯ）」と名づけられ、芸術文化を中心としたイベントスペースとして活用されることとなった（図２）。また、２００７年にＣＣＯが経済産業省の「近代化産業遺産群33」の一つに認定されたことを機に、２００９年には千島土地のみならず、行政や地域団体、学識経験者等が地域の歴史や魅力を発信する実行委員会を組織し、１９７０年代の音楽シーンを再現した「すみのえミュージックフェスタ」やアート・食・農のコラボレーションイベント「す

図２　CCO（クリエイティブセンター大阪）

みのえ・アートビート」を開催するなど、多様な活動の広がりを見せることとなった。先述した「KITAKAGAYA FLEA」のほかに、国内外の建築家、デザイナー、編集者が一堂に会す「DESIGN EAST」（２００９年〜）、すみのえアート・ビート実行委員会によるアート・食・農を楽しむイベント「すみのえアート・ビート」などが毎年開催されている。そのほかにも、音楽ライブや芸術公演が開催されている。また、後述するＣＣＯ周辺での空き地・空き家活用の取組みと連携したイベントも見られる。「北加賀屋」エリアの取組みの基点として年々その存在感は高まっている。

さらに芝川氏は、２０２０年を見据えたビジョンとして「北加賀屋クリエイティブビレッジ構想」を提案。いま以上に創造性あふれるまちにすべく、芸術家やクリエイターなどの拠点整備に力を入れている。

芸術・文化からコミュニティを生み出していく

地区内では、芸術家やクリエイターの創作・発表の場や飲食店の出店に空き家を活用しているほか、農や食を通してコミュニティ形成を図る農園として空き地を活用するなど、多様な事業が展開されている（図３）。なかでも特徴的な活用事例を以下に見ていきたい。

図３　北加賀屋エリアの拠点、つくる不動産紹介物件、アート作品の分布（出典：国土地理院*2をもとに作成）

①［コーポ北加賀屋］

かつての家具工場が多様な分野のクリエイターが集まる協働スタジオとして活用されている。後述の千鳥文化の設計を担当した設計事務所「株式会社ドットアーキテクツ」が入居するほか、記録と表現とメディアを視点とした研究・実践を行う「ＮＰＯ法人remo」、市民工房のネットワーク形成を図る場として、３Ｄプリンターなどのデジタルファブリケーションを備える「FabLab」（図４）などが入居している。

②［みんなのうえん］

専門家やクリエイターとの出会いや、参加者が農作を業通して生きがいを感じることができるとともに、地域に潤いをつくり出すコミュニティファームとして空き地と空き家を活用している。農園のほか、空き家にキッチンやサロンスペース（図５）を備え、多様な専門家とのネットワークを活かし、定期的にさまざまなイベントを開催している（図６）。

③［APartMENT］

社宅として使用されていた8室の建物を芸術家、クリエイターがリノベーションを行い、２ＤＫの賃貸住宅として活用されている（図7）なかには、FAB LABO とコラボレーションしながらリノベーションを行った部屋もある。また、「toolbox PROJECT」では、天井や合板の床、下地の壁のままの空間を用意し、toolbox 商品により入居者がＤＩＹを行うことが可能な部屋も備えている。

図４　FAB LABO のイベントカレンダー

図５　みんな農園（キッチンサロンスペース）

④［千鳥文化］

築59年の旧文化住宅をクリエイターや地域住民の緩やかな交流の場として、千島土地、graf（デコラティブモードナンバースリー）、ドットアーキテクツの3者が協働して再生を行った(図8)。「再生」「循環」を視点として、施設中央部の吹き抜けを地域へ開く空間として中心に据えた空間構成となっており、食堂、バー、古材バンク、展示空間を備えている。3者が2014年から議論を重ね、文化住宅が積み重ねてきた労働者としてのまちの歴史的文脈を、建物内の空間や素材を残すことで継承し、千鳥文化住宅の再生は実現された。本物件は、芸術家やクリエイター、地域住民などが地区で身近な場所として集い交流できる拠点としての役割を担うことが今後期待されている。

3　創造的活用が成熟する過程

こうした一連のプロジェクトが成熟していく過程を辿ってみる(図9)。まず、千島土地が私有資産の価値を見直し、クリエイターを誘致する。［北加賀屋］では1960年代後半ごろから、地区内の事業者の移転が進み、空き家が増える状況も深刻化していた。地区内で千島土地に返還された土地のうち、駐車場経営に向かない狭小な宅地については、建物付きで返還されることが増えはじめたのだ。芝川氏は空き家物件の活用を模索するなかで、性急に取り壊すよりも暫定的に利用し、使い続けた方が長期的に見て不動産管理コストの縮減につながると考えた。古くなった建物は放置しておくと倒壊の危険

図6　みんなのうえんでの畑仕事

性や不審者の住み着き、犯罪の温床になるなどの治安の悪化が懸念されるが、クリエイター等に低家賃で貸し出すことで、老朽化を抑止すると同時に、地域に賑わいも生まれる。不動産維持管理の価値の転換を図ったのである。

続いてその場に導かれるように集まったクリエイターたちが、主体的にエリアの価値を見直しはじめる。例えば近年の物件活用例として興味深いのは、前段に紹介した「千鳥文化」だ。改修を担当し、自身も「北加賀屋」に建築設計事務所を構えるドットアーキテクツによると、これまでエリア内には、ふらっと立ち寄れる小さな寄合スペースや、気軽にランチを食べられる飲食店がなかったのだそうだ。クリエイター自らが地域の課題に目を付け、それぞれの感性で地域の住みやすさを向上していくために場を繕い、再価値化していく。もちろん改修は限りなく低予算で、まちの履歴や記憶を最大限に活かして行われる。こうして地域の芸術家やクリエイターの手によって、そして地域外から訪れる多くの人のために開かれた場が生まれ、製造業の集積する地域からクリエイティブ産業の興る環境が成熟していく。

4　地主の心意気がまちづくりを支えるということ

このような流れの土台となっているのは、やはり「北加賀屋クリエイティブビレッジ構想」である。つくりすぎない空き家や空き地の暫定的な活用は、このビジョンにもとづいて展開されてきた。

図8　千鳥文化でのイベントの様子

図7　APartMENT（外観）

では、千島土地が地主として長期的展望を持ちながら、地主と借家人の関係、地域とエリアに呼び込む芸術家・クリエイターとの関係を考えていることは、エリア内にどのようなよい影響を与えているのか、改めて考えてみたい。

多様なプレイヤーを継続的に支援する環境・体制を整える

昨今のまちづくりでは、空き地や空き家の多様な活用を面的に展開することにより、周辺を含むエリアの価値を高める事例が見られるようになったものの、活用が進まない地区もいまだに多い。その理由として、事業用地としての地理的メリットがない、遊休不動産を活用する事業を受け入れる規模、設備が整っていないなど、多様な要因がある。

しかし「北加賀屋」では、「北加賀屋クリエイティブビレッジ構想」のもと、千島土地が私有施設を群としてダイナミックに活用することで、まちが積み重ねてきた近代産業を支えた歴史的・文化的文脈を面的に活かすことが可能となっている。個々には小規模・低予算な活用だとしても、それらを集積させると大きな地区全体の魅力が立ち現れる(図10)。コーポ北加賀屋などの事業所には創造産業の実践的な拠点としての履歴が残り、「AIR OSAKA」「藝術工場・カナリア条約」などの芸術家の滞在・居住スペースには芸術関係者による個性的で実験的な空間が見られるなど北加賀屋らしさが根付く。大型美術品を収蔵している「MASK」の文化芸術作品の収蔵倉庫やCCOの巨大空間は、造船業で栄えたまちの稀有なスケール感を活用している。千島文化など文化芸術の交流施設では、日雇い労働者がひしめき合って暮らした下町の猥雑な空間性が、人の集う場所

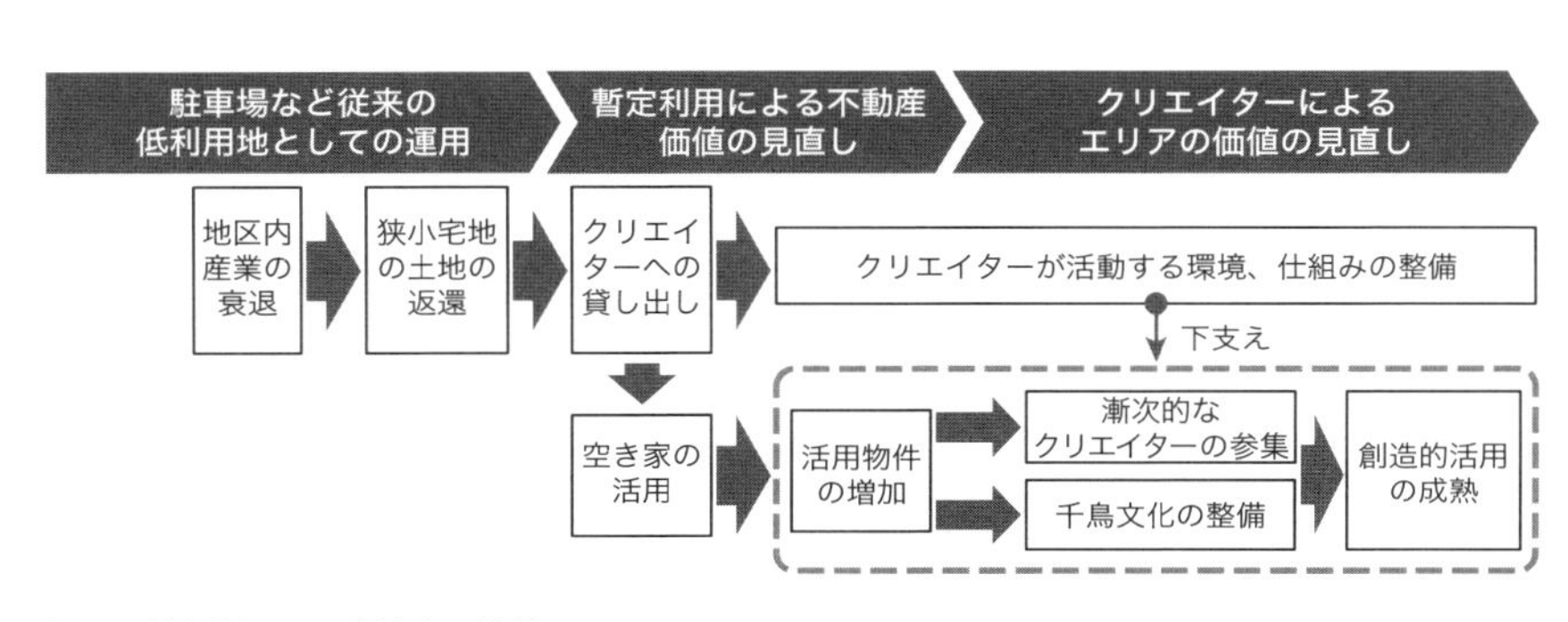

図9　創造的活用が成熟する過程

としての親密な距離感を演出している。すべての拠点において感じられるこの北加賀屋らしさは、この地を訪れる人に総体となってまちのイメージを植え付けるのである。[北加賀屋]のまちのイメージを損なうことなく形成できているのは、「北加賀屋クリエイティブビレッジ構想」のもとで方向づけられているまちのコンセプトが各取組みの運用の質を方向づけ、千島土地や芝川氏が借主と協働して活用について考え、[北加賀屋]のよさを拠点に落とし込めているためだ。千島土地、そして芝川氏が徐々に進めてきた空き物件の暫定利用は、クリエイターや芸術家の多様な活動を受け入れるだけの空間の質と量なくしては実現しえないのである。

また、個々の施設が再生される事例はよく見られるものの、面的なまちづくりとして展開するうえで[千鳥文化]のようなまちづくりの価値観を共有する場を設けることには大きな意義がある。プレイヤー同士で自身の生活や事業を地区のまちづくりのなかで相対化し、発展させたり見直したりするきっかけになるほか、レストランや週末開店のバー、展示スペースを通してゆるやかな地域との交流を持つ拠点にもなり得るためだ。こうした定期的、持続的な共有の場の提供が持続的なまちの進展に必要不可欠といえる。

常に現場の変化を感じとれる存在であること

もう一つ、民間だからこそ可能な現場発の機動力も注目に値する。

まちが持つ文脈を活かし、私有施設の効果的な活用を進めるには、こうした施設やまちに新たな価値を与える関わり手の存在が不可欠だ。その関わり手を段階的に呼び込む

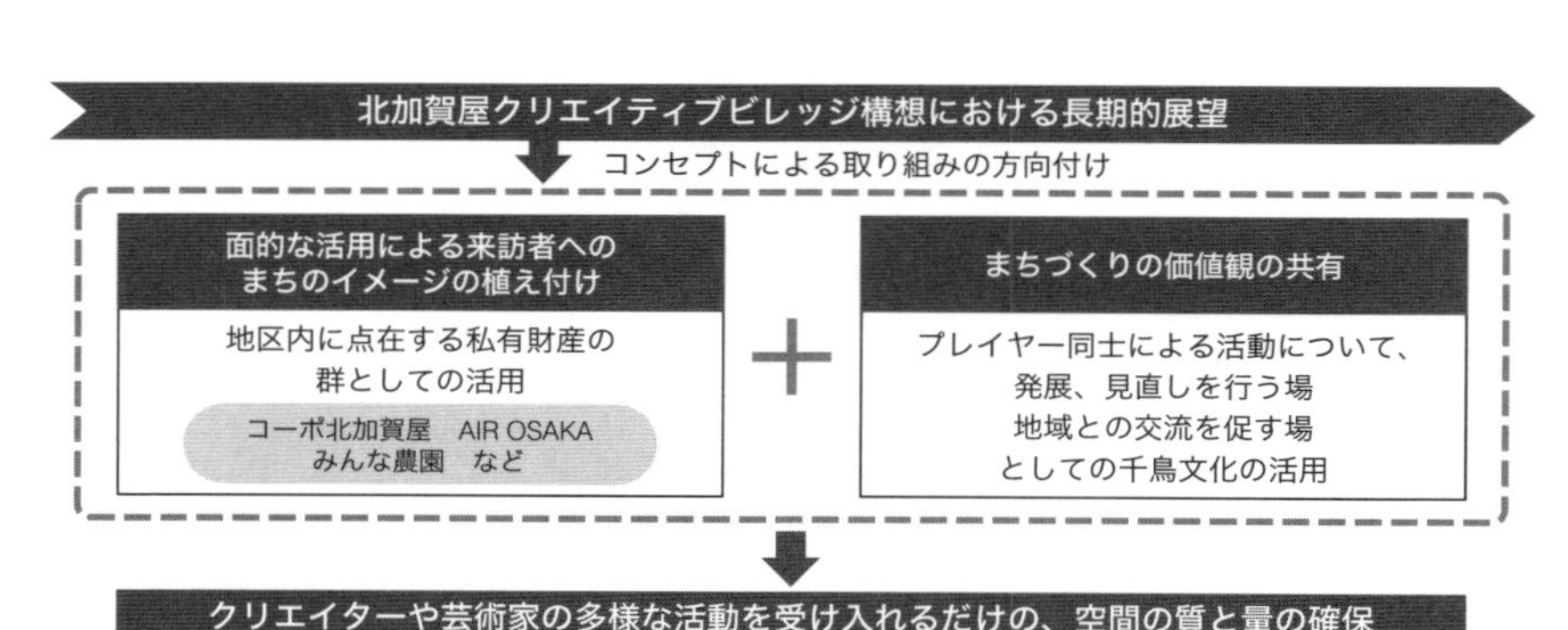

図10　北加賀屋におけるまちづくりを支える枠組み

ため、アーティスト、NPO、建築家など、属性に応じて、彼らが地区に関わりたいと感じる環境づくりへの機微が必要となる。芝川氏や千島土地は、ともに歩む地域のアーティスト、クリエイターたちによる価値の見直しが起これば、それにあわせてたえず考え方を微調整していく。外からの目や変化をいつでも歓迎するのだ。

また千島土地は地区内外にかかわらず、芸術家、クリエイターの活動を助成事業などのソフト面継続的に支えてきた。助成事業は千島土地の価値観だけではなく、せんだいメディアテークのアーティスティック・ディレクターでありremoの代表でもある甲斐賢治氏や国立国際美術館主任研究員の橋本梓氏、雑誌『IN/SECTS』編集長の松村貴樹氏など、多様な属性の審査委員によって選考され、新しいアイデアを誘発する風通しのよい体制が維持されている。

こうした姿勢からもわかるのは、日夜現場の変化に目を向け、細やかな微調整や柔軟な対処、関わり手のコーディネートが行えるからこそ、大きなビジョンを見失わずに、まちを俯瞰し、長期的思考を維持できるということだ。永続的に地域に根ざす民間企業らしい公共マインドである。[北加賀屋]のまちづくりには、今後の民間によるまちづくりの可能性が詰まっている。

（白石将生）

【注】

＊1　芝川能一・都市環境デザイン会議関西ブロック（2012）北加賀屋クリエィティブ・ビレッジ構想―空き家、空き工場を創造活動の場に　http://web.kyoto-inet.or.jp/org/gakugei/judi/semina/s1207/sib001.htm

＊2　国土地理院　https://maps.gsi.go.jp/development/ichiran.html

⑩攻めの対話で継承する

姉小路界隈（京都市）

――規制と協議で守りながら開くまちなみと暮らし

名　　称　姉小路界隈
所 在 地　京都市中京区姉小路通（烏丸通～寺町通）周辺
規　　模　約7.6ha
活動主体　姉小路界隈を考える会

1　住まいとなりわいが共存するまちなみ

姉小路通は、京都の中心部である「田の字地区」の北側を東西に貫く通りである(図1)。この通りの看板すらない老舗をはじめ、その時代の文化人にゆかりを持つ木彫看板を抱く老舗の表情は、この界隈らしい「住まいとなりわいが共存する」まちなみの一部となっている。とはいえ、「姉小路界隈」は「保全された」まちなみではない。中層ビルやマンションに更新されていくなかでも、なんとか京町家を中心とした低層のまちなみを残そう、落ち着いた風情を維持しようと、住民らがたゆまぬ努力を続けている界隈である。軒を連ねる京町家に加えて、現代建築のアルミサッシなどもまちなみに調和させる色彩に抑えるなど、小さな修景を積み重ねて京都らしいまちなみを創造し続けている界隈である。さらに、毎年夏に開催される「姉小路行灯会」では、自動車を通行止めにして通りに行灯を並べる。行灯が映えるまちなみ、歩行者主体の道路空間の魅力を、地域住民に共有する社会実験としての役割も担っている。いまでは京都市内各地で開催される灯りのイベントのさきがけとなった。

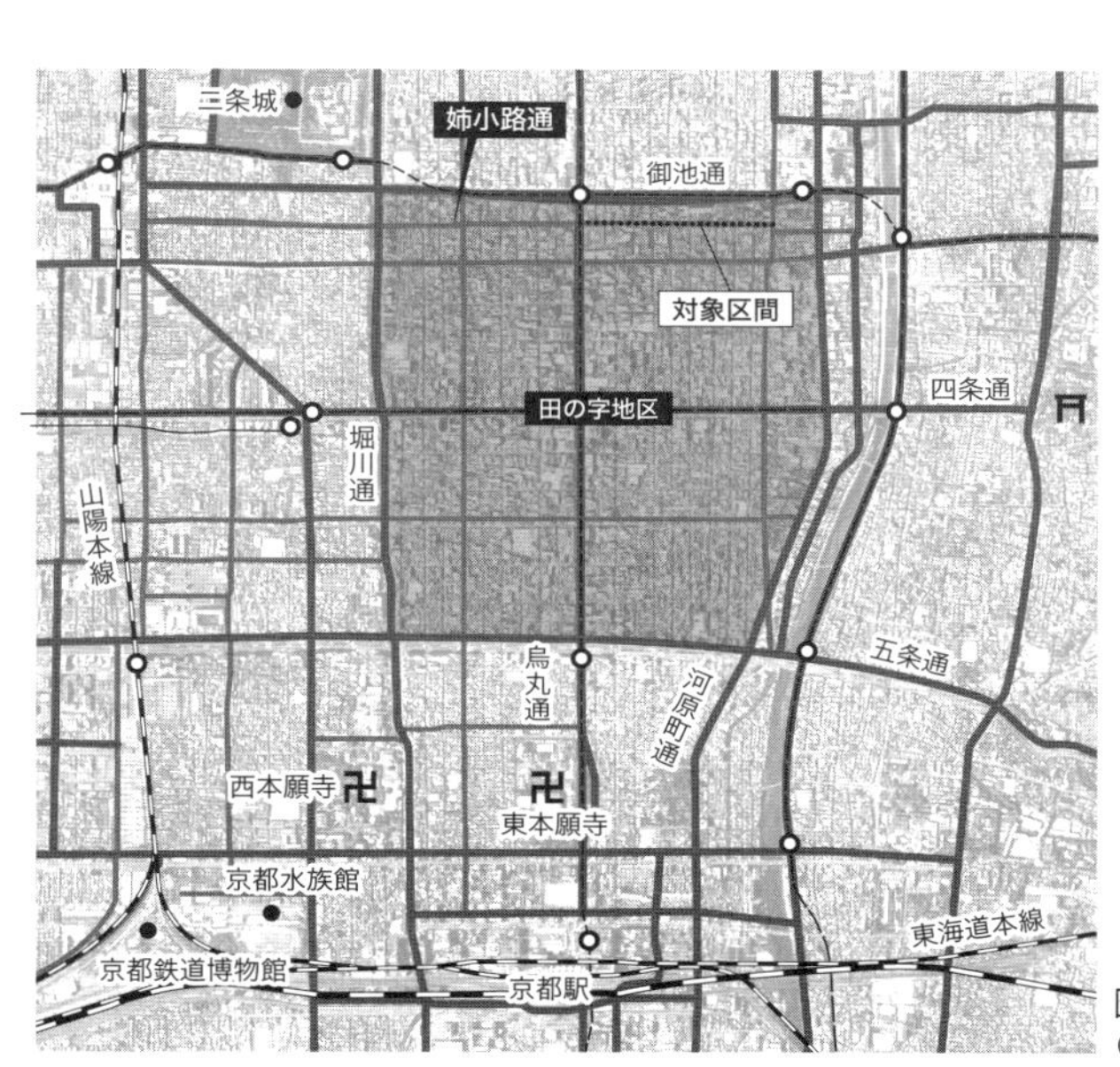

図1　位置図
(出典：国土地理院*1 をもとに作成)

2　マンション反対運動から提案型活動へ

地域環境に著しく変化を与えるマンション計画への対応

本稿で紹介する［姉小路界隈］は、姉小路通のうち、田の字地区[*2]の南北の中心にあたる烏丸通から東側に向かう通りを中心に、北側の御池通と南側の三条通に挟まれた界隈を指す。御池通は京都のシンボルロードとして整備された広幅員（50ｍ）道路で、沿道には高層のビルやマンションなどが林立する。三条通は東海道の終着点である三条大橋の延長線として江戸時代から栄え、明治時代にはレンガ造の近代建築が多く建てられた、京都のメインストリートである。

［姉小路界隈］のまちづくりは、１９９５年に界隈内におけるマンション計画を契機にスタートした(表１)。低層のまちなみの中にそびえる11階建ての分譲マンションの建設計画も、界隈にとって受け入れがたいものであった。早速「姉小路界隈を考える会」を発足させ、活動を開始。その後この計画は白紙撤回されたのち、事業者の提案により、事業者・住民・行政・大学などにより構成された「地域共生の土地利用検討会」による検討を経て、建設された。しかし、その後も界隈周辺ではマンション建設が続いた。

町式目の制定と建築協定の締結

その最中、界隈の旧家から江戸時代の町内のしきたりを記した「町式目[*3]」が発見され

表１　姉小路界隈のまちづくりの取組み

1995年　7月	マンション計画発表
1995年10月	姉小路界隈を考える会設立
1997年　8月	灯りでむすぶ姉小路界隈（姉小路行灯会）開催
1999年　4月	姉小路界隈町式目（平成版）策定
2001年11月	御池通における高層マンション建設反対署名運動
2002年　7月	姉小路界隈地区建築協定締結
2002年　8月	アーバネックス三条竣工
2004年　9月	街なみ環境整備事業開始（～2013年度）
2013年　7月	姉小路界わい地区地区計画決定
2016年　3月	姉小路界隈地域景観づくり計画書認定（地域景観づくり協議会活動開始）

た。それを契機として、現代版にアレンジした「姉小路界隈町式目（平成版）」が策定されたのが、1999年のことである。

これを具体化させる手段として2002年には「姉小路界隈地区建築協定」「松長町地区建築協定（2007年失効）」を締結した。前者の建築協定では、用途と形態等について基準が定められている（表2）。用途については、風俗店舗等に加えて、日用品を販売する店舗の深夜営業、ワンルームマンションの規制、形態等については、階数（5階以下）、最高高さ18ｍ（2007年京都市の新景観政策にもとづく、高度地区の見直しにより、最高高さが建築協定より厳しい15ｍとなった）とすることなどが定められている。なお、前者の建築協定は2012年に更新され、協定締結者が増加していることは特筆すべき点である。

これに加えて、2004年度には「**街なみ環境整備事業**[用語1]」に採択されている。この事業では、二つの建築協定地区を対象エリアとして、外観の改修などまちなみに貢献する修景事業に対して、国と市から補助を受けることができる。2013年度まで10カ年のあいだに新築・改修合わせて26件の修景事業（京町家再生事業）が実施された。

活動エリアを拡大

2013年には、建築協定地区よりもエリアを拡大させ、東の寺町通から西の烏丸通までのエリアを対象として、風俗店舗などの用途制限を主とした「姉小路界わい地区地区計画」（表3）が決定され、同時に、京都市都市計画マスタープランの、地域まちづく

用語1　街なみ環境整備事業

住環境改善や景観形成を図ることが必要とする区域における公共施設整備、建物の修景、必要な活動等に対する費用を国が支援する事業。

表2　姉小路界隈地区建築協定における建築物の用途と形態に関する基準

第6条　協定区域内においては、次の各号の掲げる建築物は建築してははならない。
(1) キャバレー、ナイトクラブ、バー、ダンスホールその他これらに類するもの
(2) 個室付浴場業に係る公衆浴場その他これらに類する建築基準法施行令第103条の9の2に定めるもの
(3) マージャン屋、パチンコ店、勝馬投票券発売所、場外車券場その他これらに類するもの
(4) カラオケボックスその他これらに類するもの
(5) 日用品を販売する店舗（当該店舗の営業時間が午前7時から午後10時までのものは除く）
(6) 共同住宅（すべての住戸の専用面積が45平方メートル以上のもの及び当該建築物の所有者の住宅が付属するものは除く。）
(7) その他第8条に定める委員会が第1条の目的に反するものと認めるもの

第7条　協定区域内の建築物の形態等は、次の各号に定める基準によらなければならない。
(1) 建築物の地上階数は、5以下とする。
(2) 建築物の高さ（階段室、昇降機塔、装飾塔、屋窓その他これらに類する建築物の屋上部分を含む。）は地盤面から18メートルを超えないものとする。
(3) 1層2段以上の自動車車庫及び機械式駐車場については、隣地への騒音等を防止するため、周囲を壁及び屋根で囲まなければならない。

り構想に「姉小路界わいまちづくりビジョン」が位置づけられた。このまちづくりビジョンは、地区計画に先立つ2012年に市へ提出された地区計画策定の要望書「地区計画の目標」に記されている。なおこのビジョンでは、

(1)静かで落ち着いた住環境を守り育てるまち
(2)お互いに協力しながら、暮らしとなりわいと文化を継承するまち
(3)まちへの気遣いと配慮を共有し、安全に安心して住み続けられるまち

が掲げられている。

京都市市街地景観整備条例にもとづく地域景観づくり協議会制度の活用

2015年3月に「姉小路界隈を考える会」が地域に呼びかけるかたちで「姉小路界隈まちづくり協議会」が設立された。この協議会は、**京都市市街地景観整備条例**[用語2]にもとづく地域景観づくり協議会として活動を行っている。協議会は、京都市から組織認定を受けた後、「姉小路界隈地域景観づくり計画書」を策定し、同様に京都市から計画認定を受ける。それにより、活動区域において、建築や屋外広告物にかかわる行為を行う場合には、市と景観法に関する手続き

表3　姉小路界わい地区地区計画　計画書

地区計画の目標	当地区は、都心部に位置しながら低層の一戸建てを中心とした落ち着いた町並みが残り、文人墨客の看板を掲げる格調ある老舗が集まる歴史あるまちです。古くからの落ち着いた風情を守るため、「建築協定」や「姉小路界隈町式目（平成版）」にみられる自主的なルールの下、まちづくりを進めています。このような地区において、地区計画を定めることにより、静かで落ち着いた住環境を守り育て、以下に掲げる3つの方針を柱とする「姉小路界隈まちづくりビジョン」の実現を目指します。 1　静かで落ち着いた住環境を守り育てるまち 2　お互いに協力しながら、暮らしとなりわいと文化を継承するまち 3　まちへの気遣いと配慮を共有し、安全に安心して住み続けられるまち
区域の整備・開発及び保全の方針	○土地利用に関する方針 商業・業務機能が集積する都心部の利便性を維持しつつ、職と住が共存する伝統的な町並みの継承・発展に資するような土地利用の誘導を図り、交流豊かな住環境の維持・向上を図ります。 ○建築物等の整備の方針 風俗営業など、建築物等の用途の制限により、静かで落ち着いた住環境の維持を図ります。また、京町家等、伝統的な建築物と調和した町並みの形成を図ります。
地区整備計画	次に掲げる建築物は建築してはならない。 1　風俗営業等の規制及び業務の適正化等に関する法律（以下「風営法」という。）第2条第1項に規定する風俗営業の用に供する建築物 2　風営法第2条第6項に規定する店舗型性風俗特殊営業及び同条第9項に規定する店舗型電話異性紹介営業の用に供する建築物 3　マージャン屋、ぱちんこ屋、射的場、勝馬投票券発売所、場外車券売場その他これらに類するもの 4　ナイトクラブ 5　カラオケボックスその他これに類するもの

を開始する前に協議会と意見交換することが義務づけられている。[姉小路界隈]の特徴は、意見交換の対象を市が義務づけている建物や屋外広告物に関する行為に加えて、営業行為や営業内容の変更等についても独自に追加している点である。建築協定、地区計画、地域景観づくり協議会制度を組み合わせている点が[姉小路界隈]の特徴といえる(図2)。

3　対話を通じてまちなみを創造する

段階的な合意形成による将来像の共有

マンション計画への反対運動をきっかけとして活動が始まった[姉小路界隈]では、運動の中心となった区域で建築協定が締結された。そして、その区域を対象に街なみ環境整備事業が実施され、修景事業が実施された。

その後の地区計画の策定では、計画区域を建築協定等の区域から大きく拡大させた。しかし、区域内では、建築協定等の取組みの有無により、まちなみに対する関心の濃淡があった。そこで地区計画策定では、合意形成を重視し、建築協定に位置づけた規制内容のうち、地域内での利害関係が発生しにくい予防的な規制(まだ未立地であるパチンコ店、風俗店等)にとどめた。規制内容は限定したとはいえ、それまでの活動区域を拡大した合意形成活動を通じて、それまでの界隈における活動や成果を周知する機会になったと思われる。

さらに、地域景観づくり協議会としての組織認定、計画認定にあたっては、活動区域

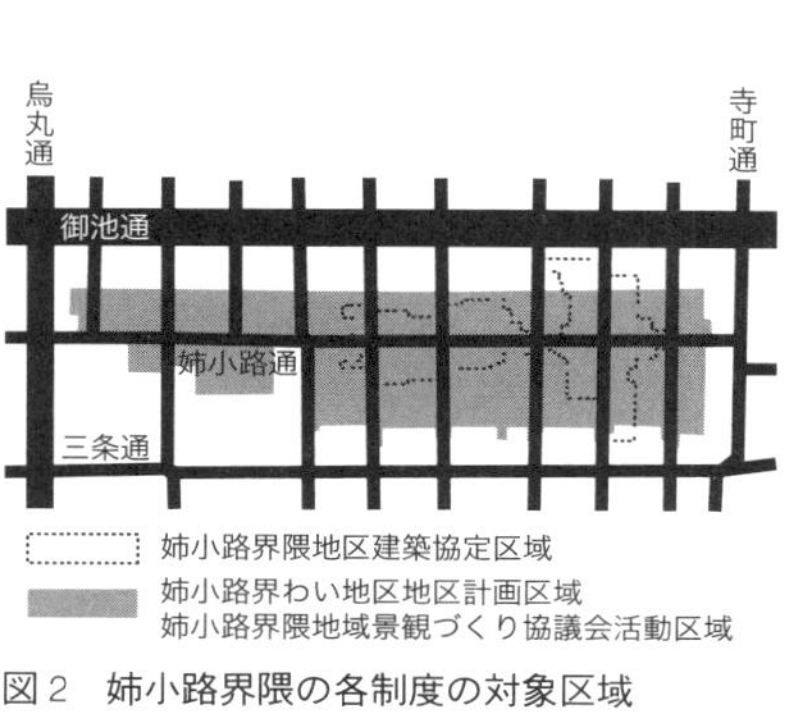

姉小路界隈地区建築協定区域
姉小路界わい地区地区計画区域
姉小路界隈地域景観づくり協議会活動区域

図2　姉小路界隈の各制度の対象区域

用語2　京都市市街地景観整備条例

京都市の既成市街地の景観施策を行うための条例である。1972年に「京都市市街地景観条例」として制定され、その後、1995年に「京都市市街地景観整備条例」と名称が変更された。

姉小路界隈地区が認定されている地域景観づくり協議会制度は、2013年条例改正に伴い創設された制度である。市長が地域の景観を保全・創出する目的で組織する団体として認定した「地域景観づくり協議会」が活動している区域(地域景観づくり協議地区)において、建築等をする場合には、協議会との意見交換会が義務づけられる。

に対して周知と意見聴取を行うことが義務づけられている。[姉小路界隈]では、活動区域を地区計画区域と同じ区域としたことから、地区計画区域内容を対象として、二度の合意形成活動を行った。このように区域や内容において、段階的に合意形成を繰り返すことにより、地域の将来像を共有する機会を重ねたといえる。

対話を通じた価値の継承とまちなみの創造

[姉小路界隈]における建築協定や地区計画では、建築物の形態規制よりも、用途規制が中心となっている(建築協定に含まれている階数や高さ規制は、その後の京都市新景観政策による高さ規制が協定よりも厳しくなっている)。[姉小路界隈]では、事前確定的な規制ではなく、個別案件ごとの対話を通じて将来像を共有し、まちなみを継承している。

地域景観づくり協議会制度が運用されるようになってからは、景観法の手続きが必要になる建築や屋外広告物に関する行為と営業行為（新規・変更）に際しては、建築主（あるいは事業主）は、必ず地域と意見交換会を開催することになる。

建築主らが、協議会が指定する図書を提出し、受理されることにより、意見交換会が開催される。受理するにあたっては、協議会の事務局が提出書類の形式確認（不備がある場合には再提出を求める）を行う。

さらに意見交換会の開催申請書には、地域景観づくり計画書の中で「大事にすること（配慮事項）」に示された項目への賛同意思が確認する項目がある(表4)。さらに建築行為については、デザイン等の配慮事項、営業行為については、営業方法（営業時間、駐

表4　姉小路界隈地域景観づくり計画書に示された「5. 大事にすること（配慮事項）」

(1) 伝統ある落ち着いた町並みを保全・再生します。通りに面する外観は、建物の顔です。誰もが見ている町並みは、皆で創っていくものです。そのために向こう三軒両隣から繋がるご近所に対して調和するよう配慮します。
(2) 心地よく歩くことができる道路にします。
道路空間は、向こう三軒両隣を結びつける空間であり、私的に使用するものではありません。歩行者の安全を確保するだけでなく、さらに、心地よく歩くことができるようにします。姉小路の路側帯に無秩序に駐輪されていた事が原因で不幸な死亡事故による犠牲者がおられることを忘れてはなりません。
(3) 店舗は、静かで品格のある環境に貢献をします。
ご近所からの苦情があったり、他人に迷惑をかけるような営業行為は姉小路界隈には適しません。向こう三軒両隣の居住環境を損なわないようにします。また店舗などの営業をはじめる前に事前説明をします。

輪対策、荷捌き対応など）について記載するチェックシートの記入が必要になる。開催申請書とチェックシートへの記入を通じて、「姉小路界隈」が継承してきた価値を理解することが期待されている。

その後、周辺住民らも参加する意見交換会が行われる。ここでは建物などの形態・意匠、営業方法に留まらず、町内会加入など地域との関わりも論点となる。

このように現在では地域景観づくり協議会の意見交換会を対話の場としている。また、それ以外にも建築協定締結区域では、建築協定運営委員会による手続きもある。また、「街なみ環境整備事業」の事業期間中には、建物所有者らと協議しながら修景事業を積み重ねていったこともある(図3)。

京都市の新景観政策により、高さ、デザインの規制が強化されたことから、地域は、事前確定的な形態・意匠よりも、通りに向き合う暮らしやなりわいのあり方を対話により継承することが重要になっており、これらの制度を柔軟に活用することによって効果を上げている点が興味深い。

持続的な活動を支える漸進的な成果の創出と将来像の共有

10年間の街なみ環境整備事業によるまちなみの変化は、比較的短

図3　街なみ環境整備事業による修景事例（提供：姉小路界隈を考える会）

期間かつ目に見えるかたちでまちに共有された。成果の実感は、なによりもまず活動に直接かかわる人たちのモチベーションを維持し、さらには、地域住民から広く活動への信頼を獲得することにつながる。

また、活動初期より、老舗の木彫看板をシンボルとした「看板の似合うまちづくり」を標榜してマップの作成やライトアップを行ったり、建物の軒先に草花を育てる「花と緑でもてなす姉小路界隈」を展開したりするほか、冒頭で紹介した夏の行灯会や秋の「まちなかを歩く日」などでも通行止めにした道路空間を楽しんでいる。これらは、地域住民が参加しやすく楽しいイベントであるとともに、姉小路通の道路空間のあり方を問いかける機会ともなっている(図4)。

定例会や意見交換会、イベントなどの活動情報は、毎月発行される「姉小路まちづくり通信」の配布、ポスターサイズでの掲示などで日常的に伝えられ、地域住民が活動成果を実感できるように発信も欠かさない。こうした将来の空間像を共有するさまざまな取組みがまちなみの継承、創造につながっている。

4　地域主体の取組みを後押しする制度活用

[姉小路界隈]におけるまちなみ形成は、多様な制度を組み合わせている点が特徴である。建築協定で定められた高さ規制が、その後の市の新景観政策に伴う高度地区の強化(当該地区の最大高さ31m→15mへ)により役割を終え、以降に策定された地区計画

などで形態規制は定められていない。とはいえ、建築行為等を対象とする地域景観づくり協議会制度による意見交換会において、建物意匠が論点になることもほとんどない。これは高度地区の強化だけではなく、京都市の新景観政策にもとづく各種ガイドラインによる効果も大きい。

一方、姉小路界隈地域景観づくり計画書では、建物意匠に加えて道路空間の利用や営業行為にも言及し、生活空間としての道路空間のあり方を重要視していることを示している。界隈におけるまちづくりの基本理念となった町式目にはじまり、まちづくりビジョン、地域景観づくり計画書等の中で繰り返し共有され、個別具体案件を通して、粘り強く対話を行ってきた。このような地域による主体的な取組みを条例や制度が後押ししてきたともいえる。

また、この取組みには、京都市の関係するさまざまな部署、中間支援組織、外部の専門家なども多くかかわっている。ここで重要なのは、これらの主体は、地域が主体であることを前提として、地域が適切な判断をするための情報や技術の提供を行うことに徹している点である。

（杉崎和久）

【注】

＊1　国土地理院　https://maps.gsi.go.jp/development/ichiran.html

＊2　京都市の中心市街地である北端を御池通、東端を河原町通、南端を五条通、西端を堀川通に囲まれたエリア。

＊3　江戸時代などに町ごとの自治の決まりごとを記したもの。姉小路界隈では旧家から発見された町式目にもとづき、現代版の町式目を策定した。

【参考文献】

・姉小路界隈まちづくり協議会（２０１５）姉小路界隈地域景観づくり計画書

（右頁）
図４　道路空間の魅力を体感するイベント
（右）まちなかを歩く日
（左）姉小路行灯会（提供：姉小路界隈を考える会）

⑪まちのベクトルを上向きにする

仏生山まちぐるみ旅館（高松市）

——ゆっくり育てる暮らしこそ消費されないまちの魅力

名　　称	仏生山まちぐるみ旅館
所在地	香川県高松市仏生山町
規　　模	約70ha
構　　想	岡昇平（設計事務所岡昇平）
基幹施設	仏生山温泉

1　公園のような温泉

香川県高松市の玄関口、高松築港駅から琴電に揺られること約15分。市街地の喧騒を抜けたころ、仏生山駅に到着する(図1)。この変わった地名は、江戸の初期に高松藩の菩提寺として建立された法然寺の山号に由来する(図2)。「仏が生まれる山」とは、なんともご利益がありそうだ。駅前のこぢんまりとしたロータリーから、呉服店や文具店などの昔ながらの小売店が断続的に続く通りを進み、仏生山の雌山ちきり神社に向かう門前町の往時のメインストリート(図3)を横切ってさらに歩くと、美術館のようなモダンな建物が現れる。これが「仏生山温泉」だ。

エントランスの大開口は、駅前から続くまちなみとは明らかに異なった雰囲気を漂わせている。下駄箱の並ぶ玄関ホールは天井が高く、まちに開かれた感じが印象的だ。靴を脱いで入浴券を買う、という行為そのものはどこの銭湯とも変わらないのだが、温泉に入るというよりはむしろ、映画館にでも来たようなワクワク感を抱く(図4)。内部は大きなL字の空間になっており、正面がレストラン、左手奥が浴場だ。レストランスペースには繊細なデザインの机と椅子が並べられ、食事はもちろん、仕事の打合せなどに利用されていることも多い(図5)。浴場までの長い縁側空間には商品が置かれた低い棚や畳でくつろげる長い座卓が並べられ、本を読む人もいれば、ビール片手にくつろぐ人もいる。天井の高い開放的な空間は、時にはアート作品の展示スペースにも転換される。

図1　位置図
(出典：国土地理院*1 をもとに作成)

館内に入ったとたんに風呂上がりを思い思いに過ごす人たちの自由で心地よい振る舞いが目に飛び込んできて、入浴後の過ごし方まで想像できて瞬時にリラックスしてしまう(図6)。館内ではそれほど密接なコミュニケーションが頻繁に起こっているという訳でもないが、時折あいさつが交わされたり、立ち話が始まったりする。まるで近所の公園のように、地域の人たちがゆったりとくつろいだ時間を過ごすことのできる場となっている。そしてここを訪れるだれもが、この生きた暮らしのささやかなスペクタクルにひと時溶け込んでは、来た時よりも少し幸福な気分になって帰っていくのである。

2 ゆっくりと小さな変化の じわっと大きな効果

まち全体を旅館に「見立てる」

仏生山温泉が開業したのは２００５年。番台係の岡昇平さんは建築家で、この施設の設計者でもある。温泉を切り盛りしながら「仏生山まちぐるみ旅館（以下、まちぐるみ旅館）」を構想しはじめたのは２００７年ごろだという。

「まちぐるみ旅館」とは、まち全体を旅館に「見立てる」*2ことだ。実際にまちなかに旅館があるわけではない。本来旅館にあるはずの

右上：図２　仏生山の雌山ちきり神社から見下ろすまち
右下：図３　門前町の面影を微かに残す商店街
左：図４　入口の番台はホテルのフロントのよう。地域のコンシェルジュ機能も担っている

温泉や飲食店や客室や物販店がまちに点在していて、それらを巡ることで旅館の機能を満たしてしまおうという、まち全体を対象にした一つの実験である。旅館だといってみることで、まちに点在する小さい部分の機能が全体として大きな効果を果たす。それぞれの店舗が連携して関係が生まれ、集合してまちのイメージが形成される。つまり、物理的な環境はなにも変わらなくても、人の気持ちや解釈さえ変われば、まちを変えることができるのではないか、という企みである(図7)。

これはなにも特別なことではなく、それぞれの店舗が自立して、連携して、集合するという、普通のまちの健全な姿なのではないかと岡さんはいう。まちぐるみ旅館とは、健康的なまちをつくるためのきっかけや手段のようなものとして捉えられているようだ。

無理のない変化を続けるまち

構想から5年後の２０１２年に初めての客室がオープンした。それ以降、「まちぐるみ旅館」を支える店舗はまちなかに順調に増えてきている。

この構想は着実にまちを変えてきた。岡さんが携わったものだけでも、２０１４年には2軒、翌年以降は3軒、2軒、2軒（うちリニューアル1軒）と毎年着実に「まちぐるみ旅館」の機能を担う店舗が増えはじめ、既存店舗もあわせて仏生山のまちは見立てどおりの「まちぐるみ旅館」の様相を呈してきた（表1）。ゆっくり時間をかけながら、移住したいという人の希望をかなえたり、身の丈にあったリノベーションを繰り返したりしながら、まちは変化を続けている(図8)。

図5　温泉に入ったあとに高い天井の気持ちのいい空間で打合せすればアイデアもあふれてくる

図6　さまざまなイベントも開催されるレストスペース。この日は獅子舞がやってきた

特にまち全体のプランや店舗の配置計画があるわけではない。お店をやりたいという人とそれができる場所があれば、そこに旅館の機能が付け加えられてきた。温泉や雑貨屋やパン屋の位置は、まちのその時の状況によっただけのものである。はじめにつくられた客室も、実はたまたま岡さんの設計した物件が空き家になった、というものだ。

あらかじめの計画に沿ってまちが更新されているわけではないということは、目指すゴールがあるわけでもない。しかし、そんなスタンスがかえってまちに無理のない変化を促しているように感じられる。大きな土地利用の転換によって、そこがどんな場所だったかも思い出せないくらいドラスティックに改変してしまうより、まちの印象を残したまま、それでもまちの雰囲気を大きく変えることに成功している。江戸の門前町の面影や戦後の商店街の名残も感じさせつつ、それらに新しい生活の工夫や魅力が付け加わっていく感じがして、まちの表情が実に朗らかだ。

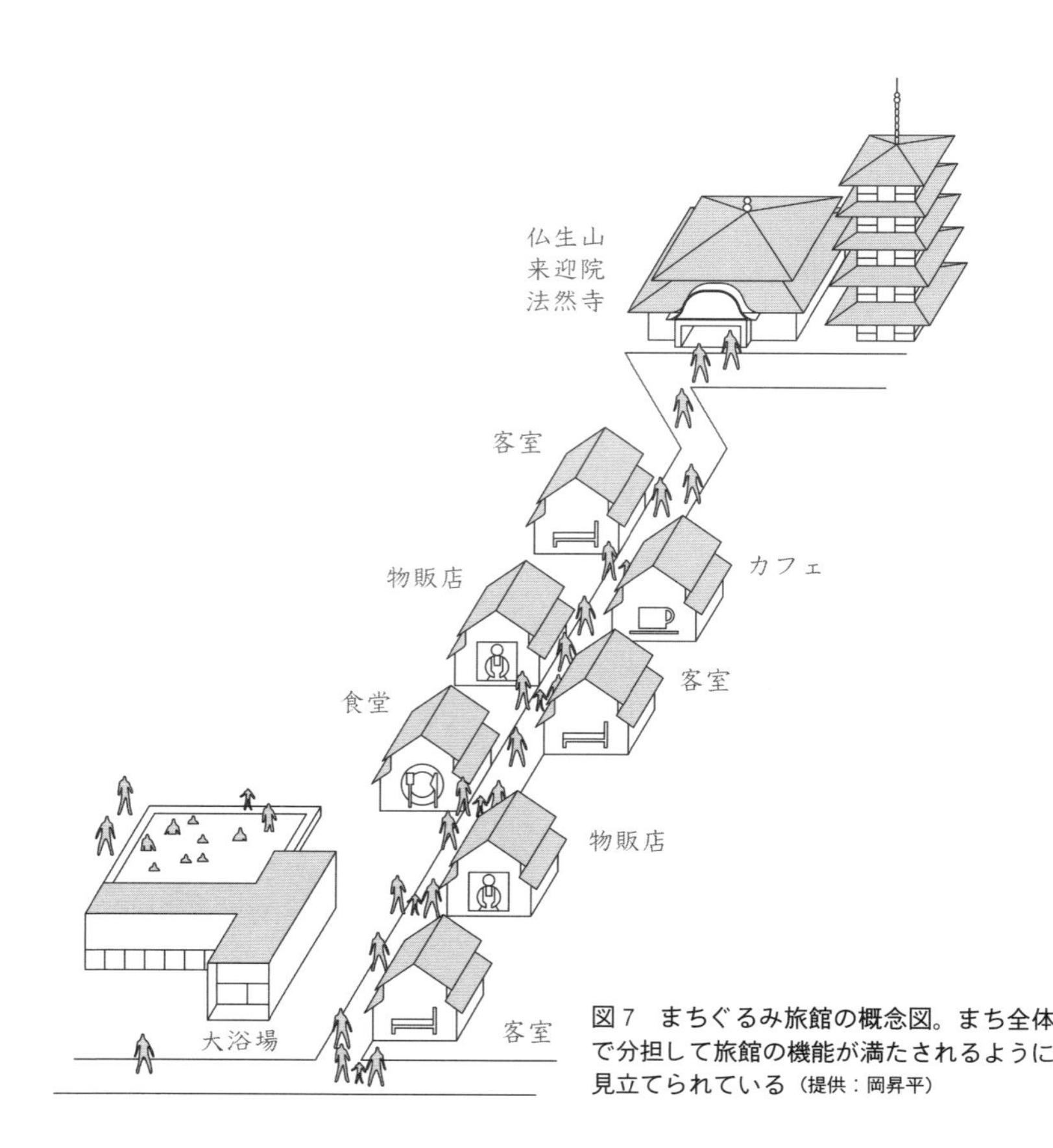

図7　まちぐるみ旅館の概念図。まち全体で分担して旅館の機能が満たされるように見立てられている（提供：岡昇平）

3 消費されつくされないまち

まちに対する期待感

［まちぐるみ旅館］の心地よさは、個性ある住まい手のホスピタリティ[*3]がつくり出すまちの雰囲気にある。彼らのなかには、岡さんのようなUターン組もいれば、昔からそこに住み続けている居住者もいる。また、全く縁のなかった土地からの移住者もいて、その属性は多様であり、担っている機能もさまざまである。温泉を営んだり、カフェを切り盛りしたり、雑貨でコミュニケーションをしたりしながら、まちとかかわって暮らしている。来訪者は、仏生山に点在する旅館の機能に触れるたびに、彼らの人となりに触れることになり、その印象が集まってまち全体の雰囲気がかたちづくられていく。だから、仏生山というまちのイメージはなにか一つの施設やひとりの個性が支えているというのではなく、まちぐるみでの雰囲気が人を惹きつけているのだといえる。

まちなかを巡る楽しみは、単に観光スポットを歩き回るのではなく、まちの雰囲気に浸って、暮らすように過ごすことにある。同じ価値を提供し続ける観光地ではなく、訪れるたびに小さな変化がある暮らしの場であり、前に来たよりも少しだけ心地よさが増している。仏生山を離れてしばらくすると、またどうしても訪れたくなるような、そんなだれもが共有できる心地よい暮らしの琴線がある。どんな強烈な観光コンテンツより、些細なまちへの期待こそが、持続的なまちとの関わりを生み、育てていけるのではない

図8　2015年にオープンした温泉裏の客室。敷地内のプレファブ建物がリノベーションで客室に変身した

表1　まちぐるみ旅館を構成する店舗の推移

年	店舗
2005年	仏生山温泉
2007年	「まちぐるみ旅館」を発案
2012年	縁側の客室
2014年	仏生山天満屋サンド へちま文庫
2015年	温泉裏の客室・TOYTOYTOY 四国食べる商店
2016年	ことでん電車図書室・Nora
2017年	縁側の編集室(旧縁側の客室) 彫刻家の家

だろうか(図9、10)。

地域のための拠点を来訪者にも開放する

では、このようなまちへの期待感は、どのようにすれば築くことができるのか。そのプロセスにこそ、都市をプランニングしていく際の重要なヒントが隠されているはずだ。

例えば、イタリアにはアルベルゴ・ディフーゾという空き家を宿泊施設に再利用して、既存のまちに点在するサービスと結びつけ、観光客をもてなそうとする取組みがある。地元の生活スタイルと観光とを結びつける着眼点や、大都市にはない自然や路地の雰囲気を活かそうとする方針は仏生山と同じである。しかし、大きく違うのは取組みの起点がホテルか温泉かである。アルベルゴ(ホテル)・ディフーゾ(分散する)の場合は、その名のとおり、まちなかの空き家をホテルに改修するというのが事業の起点となっている。これに対し仏生山の場合は、温泉ができた後で、宿泊施設を伴う「まちぐるみ旅館」へと展開してきた。イタリアではホテルという性質上、地元の生活空間を一部明け渡すことしかできず、観光客を地域の暮らしと結びつけることに苦労しているという。しかし仏生山は、その始まりが銭湯というまちのコミュニティ機能も兼ね備えた施設であったことから、地元の豊かな暮らしを支える拠点が来訪者にも開放されている、という関係になっている。決して観光客だけが喜ぶような施設をつくるのではなく、まちの機能の基本はそこに暮らす人たちのためにある、ということを誇示しているように感じられる。

図9　へちま文庫の外観。手仕事の温もりがそのまま景観の大らかさに反映されている

コンシェルジュ機能を持つ湯舟

一方、地域の生活者と来訪者をつなぐコンシェルジュ機能を取り入れたまちも見られる。兵庫県の家島では、「いえしまコンシェルジュ」という活動に取り組む中西和也さんが活躍中だ。これまで全国各地で見られた観光ガイドの枠組みから一歩抜け出し、地域の人々の暮らしに来訪者を惹きつけるコースが設けられており、表面的な観光では触れることの難しい、地域の暮らしや人との交流による観光価値を生んでいる。このような観光は、人口が減少を続ける島の人たちの暮らしにも変化や刺激をもたらしており、都市との交流や地方での新しいライフスタイルの提案も兼ねている。仏生山温泉は、このようなまちのコンシェルジュ機能も備えている。中西さんのような特定の媒介者がいなくとも、そこに行けば必ずだれかと出会えるような場となっており、観光コースの紹介から地元の相談事まで、さまざまなテーマが湯舟や休憩スペースでの話題となっており、そこから生まれる新しい出会いやアイデアが来訪者だけでなく、地域の人たちの生活を変えていくきっかけをつくっている(図11)。

まちを暮らしから遠ざけない

まちの前向きな変化を維持させることは容易ではない。岡さんは、「まちぐるみ旅館」の継続の秘訣を「盛り上げない」ことだという。その思考の根底には、ゆっくり時間をかけてまちと向き合う覚悟がある。いますぐ役立つ手法はすぐに役立たなくなるし、急にできたまちの魅力は急にダメになる。反対にゆっくり時間をかけてつくられたまちの魅

図10　へちま文庫の昼下がり。仏生山温泉だけでなく、まちぐるみ旅館の機能を支える各店舗がゆっくりとした時間を過ごせるスペースを提供している

力は持続的で、どれだけ人が訪れようとも消費されつくされることがない。盛り上げるという行為は過剰なプロモーションであって、消費者を多く集めることを目的とした行為である。まちの魅力をつくるために必要なのは、単なる消費者ではなくて、まちになにかを与えてくれる生産者だ。生産者がつくるまちのコンテンツの身の丈に応じて消費者が集まるという順序が大切なのである。まちはテーマパークではないから消費者だけが喜べばいいのではない。まちは商品ではないからブームが去るようなことがあってはいけない。まちは生産と消費の交換の場だからそのバランスの健全さが心地よさにつながるのだ。まちを暮らしから遠ざけてはいけないのだと仏生山は教えてくれる(図12)。

4　まちのベクトルを上向きにする

仏生山温泉が開業して12年、「まちぐるみ旅館」の取組みが始まって5年が経過した。生みの親の岡さんから見れば、お兄ちゃんは小学校を卒業し、弟は小学校に入学しようとしているといったところだろうか。彼らが成人し、一生を終えるにはまだまだ長い道のりが待っている。人生で考えると当たり前のこのような時間の積み重ね

を、都市計画の現場は忘れてしまっていたかもしれない。大切なことは、すぐによくするための方法や人が賑わうという結果なのではなくて、そのまちがこれからどのように成長していくのか、そのベクトルを少しでもいいから上向きに保ち続ける努力なのではないだろうか。

どんなにわずかでも魅力が増していく未来には期待が持てる。そして、それが5年、10年と続くことで期待は信頼へと変わっていく。そして、仏生山を訪れるとき、だれしもが感じる心地よさや安心感は、このような日々の積み重ねからしか醸し出せない。それは成長する価値である。そして、このようなまちの価値に吸い寄せられて、適材適所に多彩な人が集まり、それぞれの個性がまちに反映されることで、さらに新しい魅力が付け加えられていく。だれも「まちのため」に特別なことをやっているわけではない。まちでの自分たちの暮らしを少しでも豊かにしようと思っているだけである。ここで暮らす人と人、人とまちとのよい関係がまちの空気に透けているのだ。そんな人の暮らしとまちの魅力とがひとつながりになったまちは、きっとこれからもよいまちであり続けるに違いない。

これでも門前町で栄えた仏生山の歴史からすれば、まだまだほんの短い時間の出来事だ。でも１００年前のこのまちも１００年後の

図 12　菜の花畑の向こうに仏生山温泉が見える。暮らしとともにある、なくてはならない風景になっている

（右頁）図 11　仏生山のマップと各種案内のリーフレット。仏生山温泉を起点にまちへの期待が広がっていく

このまちも、きっと同じような雰囲気を持っているのではないかと思わせてしまう、そんなまちぐるみの心地よさのプランニングにこそ、都市計画の未来はあるのではないだろうか。

（武田重昭）

【注】

＊1　国土地理院　https://maps.gsi.go.jp/development/ichiran.html

＊2　対象をほかのものになぞらえて表現すること。日本庭園や歌舞伎などをはじめとする日本文化・芸術にはこの見立ての技法が多く用いられている。

＊3　狭義には接客・接遇の場面で人が人に対して行ういわゆる「もてなし」の行動や考え方を指すが、広義には二者間の相互満足の関係にとどまらず、社会全体が喜びを共有する関係を成立させるものであるとされる。

【参考文献・ＵＲＬ】

・岡昇平ほか（２０１６）『地方で建築を仕事にする』学芸出版社

・岡昇平（２０１５、２０１６）リノベのススメ 仏生山まちぐるみ旅館 vol.１～６　https://colocal. jp/tag/sol-z-renovation-busshozan（２０１８年４月１日閲覧）

・シビックプライド研究会（２０１５）『シビックプライド２【国内編】─都市と市民のかかわりをデザインする』宣伝会議

・中橋恵ほか（２０１７）『世界の地方創生─辺境のスタートアップたち』学芸出版社

・中橋恵ほか（２０１７）『CREATIVE LOCAL ─エリアリノベーション海外編』学芸出版社

・中西和也、家島の暮らしと観光客をつなぐ案内人いえしまコンシェルジュＨＰ　http://ieshimacon. com（２０１８年４月１日閲覧）

⑫3㎡からはじめるまちづくり

おやすみ処ネットワーク（戸田市）

――高齢者や移動制約者のおでかけを支援するベンチ群

提供：国土交通省*1

名　称	おやすみ処ネットワーク
規　模	埼玉県戸田市役所、JR戸田駅を含む約2km四方のモデルエリア
設　置	店舗・事業所・住宅前（24カ所）、医療・福祉系、宗教系施設前（11カ所）、歩道、高架下（6カ所）、公共施設前（4カ所）
計画・管理	NPO法人まち研究工房（代表理事・金田好明）

1　移動制約者の歩行支援ネットワーク

コミュニティスポットの形成

南に流れる荒川を介して板橋区と接する埼玉県戸田市は、工場跡地に次々と高層マンションが建ち、若い世代の流入が現在も続く人口約14万人の都市である。そのＪＲ戸田駅前から東側を中心としたモデルエリアの圏内にある飲食店や物販店等の軒先のほんの少しの私有地、そして市役所などの行政施設用地や歩道にベンチを置いた「おやすみ処」が、２００４年４月の１番地の設置から40数カ所を数え、高齢者や障碍者、妊婦や子ども連れなどの移動制約者の歩行・休憩を支援する「おやすみ処ネットワーク（以下、おやすみ処）」が形成されている。本節扉は民地を活用した16番地で休む高齢者と子どもの様子である。

戸田のおやすみ処１番地（図１）は、東北新幹線・埼京線の高架下での環境悪化——ゴミや盗難バイクの不法投棄など——への対策から始められた。ストリートファニチャー製作会社からは高齢者向けベンチが、デッキの素材開発会社・製作会社からはウッドデッキが寄付され、ガーデニング会社は施工を低価格で請け負う。それだけを聞けばウッドデッキにしゃれたベンチが置かれた、巷にあふれる飲食店のテラス席のようだが、取組みはそこにとどまらない。自販機へＡＥＤ機器の搭載が２００４年と早い時期に試行され、また、Wifiのルーターや防犯カメラの搭載も実験され、電動カートの充電器が

（右）図１　おやすみ処とだ１番地（2012）
（左）図２　電動カート用充電器の説明をしてくださる金田氏。おやすみ処とだ１番地にて（2012）

設置されたりと各種の取組みが試行される（図2）。一方でここは45㎡と比較的広いこともあり、ワークショップや展示・発表会、さらには市民や子どもたちのコーラス、楽器演奏のコンサートの会場ともなり、東日本大震災被災地から届く農産物の市が開かれたりと、多機能なコミュニティスポットが実現する。ただ、この場所だけではまだよく見かけるポケットパークの変わり種だったかもしれず、このネットワークの本当の価値は、この時点ではまだ生まれたとはいえない。

歩行支援のネットワーク形成へ向けた展開

東北新幹線・埼京線の高架は、市役所などの位置する市東部と旧市街地やイオンモールなどのある市西部のあいだのちょうど真ん中を横切ったため、高架下を含め騒音緩衝地帯としての空地（環境空間）が東西の両地域を歩いて移動するちょうど中間地点に位置することとなった。埼京線東側はマンション急増地でもあり、この高架沿いの環境空間には、JR側の埼京線の子育て応援路線構想と戸田市の保育園増園の意向が合致し、2004年以降保育所が6園開園する。このため高齢者に限らず、保育園の行き帰りにここを経由する親子連れなども多く見かけられたのであろう。道を歩く高齢者が、そこにへたり込んでいるようなこともあったと聞く。これは似たような年の親を持つ世代であればこそ敏感になる話であろうし、それが移動制約者と呼ばれることは、時勢に敏感なNPO関係者であればすぐに思い至ることである。

そうしたなか進められた1番地以降の展開が抜きん出て新しく、そしてほかを圧倒し

図3　おやすみ処ネットワーク（埼玉県戸田市）の位置（出典：国土地理院*3をもとに作成）

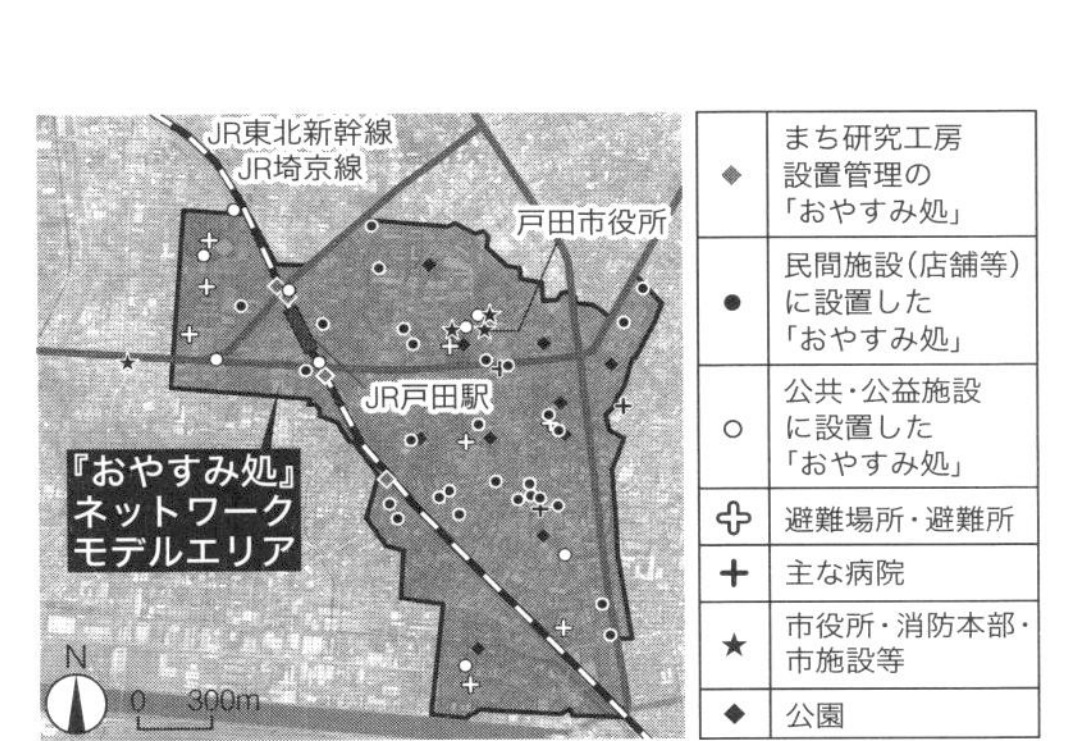

図4　おやすみ処ネットワークマップ
（出典：金田氏資料*2、国土地理院*3をもとに作成）

ていた(図3、4)。おやすみ処は２００６年の都市再生モデル調査を契機に、公共施設や公園敷地内、そして道路占用許可を取った歩道などの通常考えられる公共用地の範囲を越えて広がりはじめる。お店や施設の前に、その利用者だけでなく、だれもが歩いている途中で休んでいけるオープンな利用が可能となるベンチの設置が進んだのである。総合病院や薬局、リハビリテーションクリニック、老人ホームや介護事業所は、多くの高齢者が来院・来局する場所であり、高齢者が少しの距離でも、少し歩いては立ち止まり、を繰り返して歩くことをよく知っているのだろう。その設置には同意が得られやすかったことは想像に難くない。しかし、そこから先が、この試みの特筆すべき展開である。この取組みの代表、特定非営利活動法人まち研究工房の金田好明氏の行きつけの飲食店、この試みに共鳴した各種の個店や教会などの軒先20カ所にも、設置が進んだのである。この私有地のほかにも、市の施設3カ所、歩道への設置3カ所も入れて、最終的には、合計26カ所にベンチが設置されることとなったのである(表1、図5、6)。

2　ベンチ設置の戦略とその継続の支援

ベンチ設置に向けた規制緩和と設置場所の新しい特徴

ベンチの設置は、当初2年でJRからの借地のかたちで2カ所、都市再生モデル調査の時点で一気に26カ所増え、その後は少しずつ増えていった。ベンチは、相互に５００mほど離れた場所から点々と設置を依頼し、その設置期間が継続するところの周囲に、

店舗等
民地
歩道
車道
1m

(右) 図5　おやすみ処とだ25番地で談笑する二人の高齢者 (提供：金田好明)
(中) 図6　おやすみ処とだ8番地で休む子ども (出典：内閣府地方創生推進事務局HP *4 より抜粋)
(左) 図7　民地で展開するおやすみ処の断面図

表１（おやすみ処」設置箇所（店舗・事業所・公益施設・道路等）一覧（ベンチの設置順 2017 年 6 月 1 日現在）

「おやすみ処」番地（通し記号・番号）	参加団体または施設の名称（団体・店舗・事業所・施設・道路等）	参加団体・施設の分類	設置先の店舗の業種、施設のテーマまたは管理形態	ベンチ設置（おやすみ処ネットワークへの参加時期
とだ 1 番地＊ 修繕	特定非営利活動法人 まち研究工房	NPO 法人	多機能コミュニティスポット	第一号 2004 年 4 月
とだ 2 番地	特定非営利活動法人 まち研究工房	NPO 法人	保留	開設未
とだ 3 番地 交換	特定非営利活動法人 まち研究工房	NPO 法人	コミュニティスポット	2005 年 4 月
とだ 4 番地	埼京のぞみチャペル	教会	プロテスタント教会	2006 年 8 月
とだ 5 番地	居酒屋 玄海（閉店） ➡ベンチ据置き	個人店舗	元 小料理店 ➡ 市民活動ルーム	2006 年 8 月
とだ 6 番地 交換	㈲サマー（ビューティ アロマ） ※ 2014 年 7 月末に閉店にてベンチ移設	個人店舗	アロマテラピー、健康ジュース	2006 年 8 月
とだ 7 番地 交換	e･class･inc（イー・クラス・アイエヌシー）	個人店舗	ファッション（若者向け）	
とだ 8 番地	㈱セルフネット ➡（移転先調整中）	民間事業所	IT 事業・パソコンスクール等	2006 年 9 月
とだ 9 番地 修繕	竹屋	個人店舗	お茶・陶器販売など	2006 年 9 月
とだ 10 番地 修繕	篠崎電気（戸田店）	個人店舗	家電製品販売、電気工事・修理	2006 年 10 月
とだ 11 番地 修繕	セキ・スポーツ（閉店） ➡歯科医院	医療施設	歯科（元．スポーツ店）	2006 年 10 月
とだ 12 番地 修繕	三陸宮古市場 わ（WA）	店舗	居酒屋（魚介類など）	2006 年 10 月
とだ 13 番地 修繕	おしゃれショップ さかえ	個人店舗	美容	2006 年 10 月
とだ 14 番地 修繕	㈱地元不動産商事（移転）ベンチ入替済	個人店舗	空き店舗前（R17 号交差点部）	2006 年 11 月
とだ 15 番地 交換	銘菓 きたや（閉店）ベンチ入替済	店舗	元．手焼きせんべい店	2006 年 11 月
とだ 16 番地 修繕	㈱ふれあい広場 ➡移設先検討中	民間事業所	介護事業、介護用品販売等	2006 年 11 月
とだ 17 番地 A 交換	㈱大崎	民間事業所	ガーデニング、エクステリア	2006 年 11 月
とだ 17 番地 B	ガーデン・カフェアンヴェールジャルダン	個人店舗	喫茶・西洋料理、洋菓子販売	2006 年 12 月
とだ 18 番地	第 2 ヤング理容店（建て替え） ➡移設	個人店舗	理容	2006 年 12 月
とだ 19 番地	戸田プラザー ➡移設	個人店舗	ミシン販売、健康関連	2006 年 12 月
とだ 20 番地 修繕	戸田駅前クリニック ➡移設	医療施設	内科・外科・リハビリ科	2006 年 12 月
とだ 21 番地 交換	戸田市立福祉作業所「ゆうゆう」	福祉施設	心身障碍者デイケア施設	2006 年 12 月
とだ 22 番地 修繕	戸田市教育センター（正面入口右側）	公益施設	戸田市教育委員会所管施設	2007 年 1 月
とだ 23 番地 修繕	戸田市文化会館前（北東側交差点付近）	公益施設	戸田市公園緑地課所管施設	2007 年 2 月
とだ 24 番地 交換	戸田市スポーツセンター（正門右側）	公益施設	戸田市外郭団体所管施設	2007 年 2 月
とだ 25 番地 修繕	北大通り・戸田駅東側通り交差点部	都市施設	戸田市道路課管理施設	2007 年 2 月
とだ 26 番地＊	戸田駅南側の市役所南通りバス停前	都市施設	戸田市道路課管理施設	2007 年 2 月
とだ 27 番地 交換	北大通り・市役所南通り交差点部	都市施設	戸田市道路課管理施設	2007 年 2 月
とだ 28 番地	（匿名）	戸建住宅	個人宅	2007 年 2 月
とだ 29 番地＊	群泉堂 ➡テナント入れ替えにより撤去	個人店舗	書籍販売→美容室	2007 年 3 月
とだ 30 番地	梅田うどん（暫定番号 19 番地）	個人店舗	生うどん製麺・販売	2008 年 5 月
とだ 31 番地	いきいきタウンとだ（社会福祉法人ぱる）	福祉施設	特養老人ホームなど	2008 年 8 月
とだ 32 番地 修繕	戸田市スポーツセンター北東側歩道上	公共施設	市道	開設未
とだ 33 番地 修繕	まちのえき「かめや」	店舗	市民交流施設	2007 年 1 月
とだ 34 番地	調整中	—	—	2008 年 10 月
とだ 35 番地＊	戸田中央総合病院 本院	医療施設	総合医療（外来・救急・検診等）	開設未
とだ 36 番地＊	第一薬局	医療関連施設	薬局	2009 年 8 月
とだ 37 番地＊	本町薬局	医療関連施設	薬局	2009 年 8 月
とだ 38 番地＊	戸田中央 総合健康管理センター	医療関連施設	健診・健康管理	2009 年 8 月
とだ 39 番地＊	戸田中央産院	医療関連施設	産婦人科	2009 年 8 月
とだ 40 番地 修繕	逢来房	個人店舗	焼き鳥・モツ煮込み（持ち帰り）	2009 年 8 月
とだ 41 番地＊	くつろぎの家	福祉施設	グループホーム、デイサービス	2009 年 9 月
とだ 43 番地①～⑦	大規模分譲マンション（大栄不動産㈱）	集合住宅	緑道（マンション敷地の外周）	2009 年 9 月
とだ 44 番地	彩湖・道満プレイパーク	公共施設	荒川河川敷の子供の遊び場	2009 年 10 月
とだ 45 番地＊	氷川神社参道（氷川町内） 2 脚	社寺施設	緑地内施設	2009 年 12 月
とだ 46 番地	臼田屋酒店	個人店舗	自販機コーナー＆休憩所	2012 年 8 月 2015 年 4 月
とだ 47 番地	コンビニエンス・タムラ	個人店舗	食料品販売	2011 年 11 月
とだ 48 番地	植音金子商店	個人店舗	食料品販売	2011 年 12 月
かわぐち 1 番地＊	町の小さなケーキ屋さん「おおはし」	個人店舗	洋菓子店（旧 鳩ヶ谷市内）	2012 年 2 月
さいたま 1 番地＊	鴻沼川ポケットパーク（小さな憩いの場） ※㈱カタヤマ様、㈱コトブキ様のご協力により設置	公益施設	埼玉県（都市整備部水辺再生課）所管施設 ※近隣保育園・町会との協働管理	2010 年 8 月
さの 1 番地	一般農道沿いの民間所有地	田園地帯	佐野市（栃木県）内の農道沿い	2013 年 11 月

＊：協賛企業㈱コトブキ製ベンチ設置（寄贈、設置協力を含む 11 箇所 既設 15 脚）　（出典：金田氏資料をもとに作成）
修繕、交換は 2011 年 12 月～ 2015 年 8 月。

上記以外に、復興応援ベンチ・プロジェクトで石巻市渡波地地区（2015 年 7 月）、陸前高田未来商店（2013 年 5・8 月）、大槌町内（2013 年 8 月）に設置されている。

次のおやすみ処を置くというような攻め方をしたという。適者生存を利用した戦略といえばよいだろうか、そのような戦略で設置個所と賛同者を増やしていったのである。そうした活動は、２００７年の道路法の改正に影響を及ぼし、特定非営利活動法人やボランティア団体の管理でベンチや並木等による道路占用への道筋ができ（**道路法第33条第2項：道路占用の特例**[用語1]）、一方で道路外にある民間所有のベンチや並木等を道路管理者が管理できるようになる**道路外利便施設協定の締結（道路法第48条の20から22**[用語2]**）**にもつながっていく。

ここで特に注目したいのが、飲食店や物販店、薬局にクリニックなどの、歩道などから敷地境界を挟んだ民地側にベンチが置かれていったことである(図7)。狭い場所では、ベンチを置くと足もとには30㎝ほどの余地しかなくなる、道路境界線から建物までのほんの１ｍほどの民地に、である。設置形態にはいくつかのバリエーションがあり、このＮＰＯが製作した防災グッズ入りのベンチと植栽だけが置かれるところをはじめ、市販の対候性ベンチを交差点に向けて固定設置するところ、手づくりガーデニングの風合いを見せるところなどがある。

設置場所のネットワーク化とそのマネジメント

金田氏は設置場所を増やすため、各種の依頼書類のフォーマットを用意し、夜間には掃除にまわり、中高生が集まって騒いでいないかを巡回しての管理を続けている。さらには、金田氏の志に賛同する地元企業や個人、行政が、文字通りネットワークを組み、

用語1　道路法第33条第2項：道路占用の特例

道路交通環境の向上を図る活動を行うことを目的とする特定非営利活動法人やボランティア団体が設ける並木、街灯などの道路占用について、「道路の敷地外に余地がないためやむを得ないもの」に限る、道路占用許可基準を適用せず、これらの者がより積極的に道路の区域内に道路の管理上必要な施設（並木、街灯、花壇、緑化施設、歩行者の休憩の用に供するベンチやその上屋、高架道路の路面下に設ける自転車駐車場）を設けることを可能とする措置。こののち２０１１年には、まちの賑わい創出などに資するための道路占用許可の特例制度も創設されている。

用語2　道路法第48条の20から22：道路外利便施設の道路管理者による管理

道路の区域外に、本来道路の管理者によって整備されるべき並木や街灯等の工作物等を民間の所有者等が整備している場合、これらの管理を所有者等が行うことは、相当程度の費用がかかることなどから長期的な管理が困難となることもある。その場合、これらの道路外の並木、街灯その他道路の通行者又は利用者の利便の確保に資する工作物または施設＝道路外利便施設の管理を、道路管理者が行うため協定を締結し、管理を行うことができるようにしている。

ベンチづくりや空間づくり、この空間を用いたワークショップや店舗の連携などの事業を複合的に進めはじめる。ベンチは一度置いたらそれきりではなく、補修の作業は、公園に親子を集めてのペンキの塗り直しイベントに仕立てられる。廃業した個店では次に入った個店がそのベンチを引き継いだり、別の支店開業の時には市域を越えての設置がなされたり、さらには、ベンチを軒先に置く個店同士のネットワークで宣伝チラシを相互設置して新規の顧客開拓をしたりと、文字通り動きはじめたネットワークはその時々の相乗効果を生んできた。一群のベンチは、高齢者らの移動制約者のおでかけ支援のネットワークをかたちづくり、そして、単なるベンチそのもののネットワークにとどまらない意味も持つようになるのである。

こうして戸田では、ベンチの設置にとどまらない多岐にわたる支援によって、埼京線の高架の主に東側、市役所や総合病院などの市の施設が集中する1km圏内を中心に40数カ所が設置されるようになった。部分的には100mも歩けば、次のおやすみ処のどこかに巡り合うウォーカブルな環境が「面」として成立したのである。これは高齢者や障碍のある、もしくは幼い子の手を引く人にとって理想的な歩行環境であり、そうした移動制約者の増える次世代の歩行環境が持つべきスペックなのである。

3　ウォーカブルな住宅系市街地へ向けて

先述のように道端で歩けなくなり、ブロック塀に腰掛けたり、文字通り「立って止ま

図8　信号待ちの高齢者（品川区）(2012)

図9　小学校の擁壁に手をついて休む高齢者（京都市伏見区）(2015)

ったまま」次に歩き出すため息を整える高齢者を、市街地で見かけることもそう珍しくなくなった(図8、9)。通院や買物帰りの高齢者も無粋なカートに座りたいわけではない。まちに増える高齢者が、そんななんでもない道端で、少しの時間ベンチで休めるようになることは、幸せなひと時であろうし、お店の側もまちのために目に見えるかたちでの貢献を実感できるものとなろう。そこは所有の関係から見れば全くの私有地であるが、その果たす役割は行政ではなしえない公共である。

戸田では、鉄道沿線で、市の公共施設などが集中する中心部で、という限定はつくが、団塊の世代が後期高齢者入りする２０２２〜24年までのあいだに整備を目指すべき公共空間の仕様のある部分が実現した。これは、ハートビル法と交通バリアフリー法が統合されるかたちで２００６年に施行されたバリアフリー新法の定める**バリアフリー重点整備地区**[用語3]で、移動制約者の移動支援を実現するには備えていくべき仕様である。こうして戸田では店舗や公共施設等の協力で成立した歩行支援環境を、住宅系市街地へと延伸させるのが、次の10年の公共空間整備と考える。[*5]

このとき、キーとなるのが私有地の利用である。これは、行政主導では難しく、戸田のおやすみ処での取組みのように、計画を駆動牽引し、そしてこれに賛同する「人」と「もの」の「私(わたくし)」のネットワークが、面としてこれを成立させていく。その地域の高齢者の主要な歩行経路上へ、ベンチの設置を了解する「私(わたくし)」のネットワークは、絵に描くことは簡単であっても、あらかじめ実効性のある計画として、その全体を事前に描いておくことは難しい。その時々、時間の経過とともに周囲で成立していく先行事例を見

用語3 バリアフリー重点整備地区

ハートビル法と交通バリアフリー法が統合されるかたちで２００６年に施行されたバリアフリー新法の定める地区で、高齢者や障碍者等の移動制約者が、駅やバス停、役所などの施設が集まった地区での移動に支障が生じないよう一体的に整備した地区。

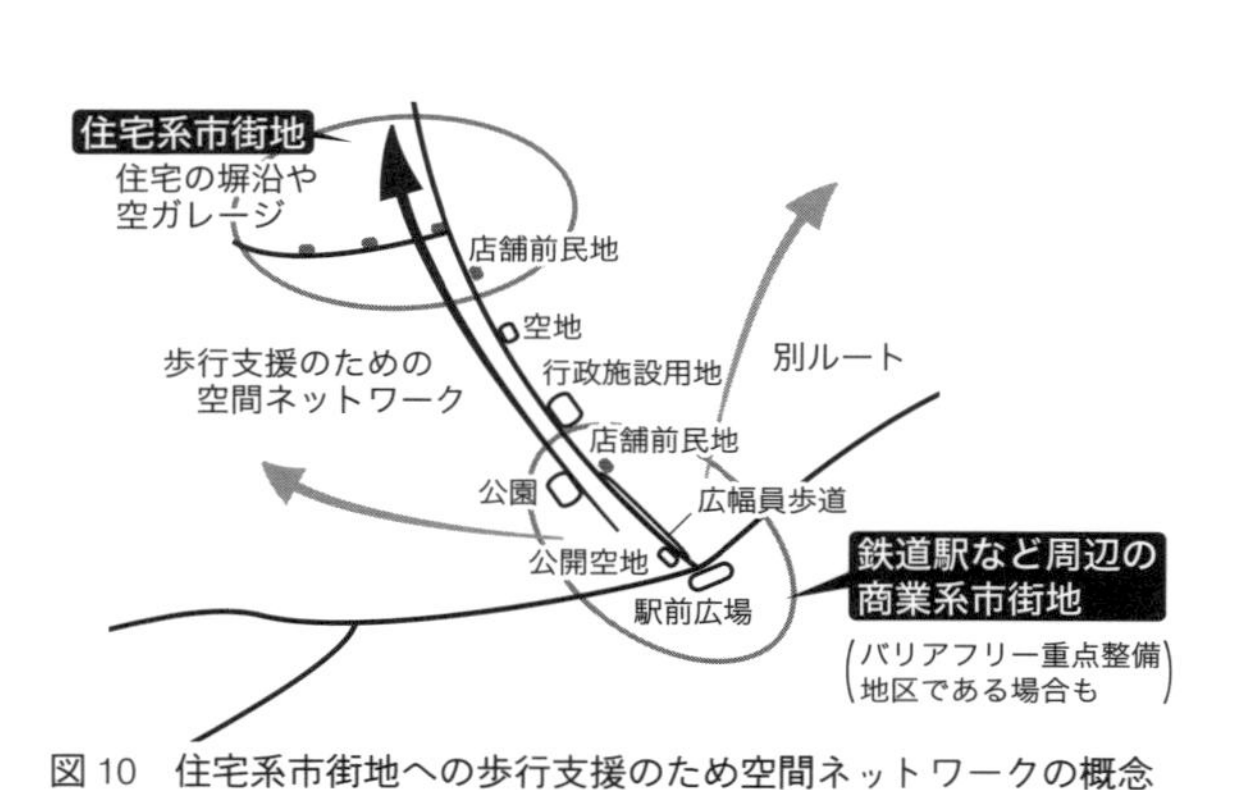

図10　住宅系市街地への歩行支援のため空間ネットワークの概念

ながら、これを意気に感じた私人たちが事後に形成することとなる漸次的「ネットワーク」の形成こそが、こうした計画の新しい未来を拓くのではないかと考える(図10)。そこで求められるのは、決定論的に空間を事前に規定する旧来の「計画者」ではない。空間、そして地域の人々へ働きかけながら、時間をかけて計画そのものの外形を漸次定めていく過程こそが、新しい「計画」の姿となるのではないだろうか。

（吉田　哲）

【注】

＊1　国土交通省、特定非営利活動法人まち研究工房―休憩スポットのネットワーク化によるまちのバリアフリー化　http://www. mlit. go. jp/sogoseisaku/barrierfree/sosei_barrierfree_tk_000025. html（２０１９年３月３日閲覧）

＊2　金田氏資料、おやすみ処ネットワーク・マップ

＊3　国土地理院　https://maps.gsi.go.jp/development/ichiran.html

＊4　内閣府地方創生推進事務局、みんなでつくる街角スポットネットワーク（埼玉県戸田市）http://www.kantei.go.jp/jp/singi/tiiki/toshisaisei/05suisin/kantoh/04suisin/h18/08.html（２０１９年３月３日閲覧）

＊5　北川氏のいう１００m間隔でのベンチの設置（北川・土居・三星（２０００））―金田氏は新しくこれを「歩き継ぎポイント」として提唱しはじめている―は、ここで示した私有地をつなぐことで、中心市街地から特に住宅系市街地へと延伸できるのではないかと考える。

【参考文献】

・北川博己・土居聡・三星昭弘（２０００）歩行空間における高齢者のための休憩施設設置に関する研究『土木計画学研究・論文集』No.17、pp.981-987

⑬都市を読み、文化的に暮らす拠点

コトブキ荘（豊岡市）

――地方小都市のサロン的古民家シェアスペース

名　　称　コトブキ荘
所 在 地　兵庫県豊岡市寿町7-3
規　　模　延床面積約250㎡
企画運営　松宮未来子（代表管理人）

1　人が集うまちの居場所

豊岡という街は、兵庫県北部但馬地域の中心となる地方小都市である。豊岡市の中心には円山川が悠然と流れ、その流れによって形成された自然堤防を盛土することで、戦国時代に城下町として豊岡は築かれた（図1）。［コトブキ荘］は約90年前の震災復興によってかたちづくられた市街地にある古民家を改修して、2016年に生まれた。子どもたちの遊び場として、高校生や受験生の自習室として、高齢者の趣味の場所として、小さな地方都市に珍しい多世代が集う拠点となっている。

近代都市計画遺産としての豊岡の街

2004年の台風23号による円山川の氾濫が記憶に新しい人も多いだろう。1925年に、その川を震源とする北但大震災という大きな震災があった。約90年ほど前のことである。豊岡の街は甚大な被害を受けた。1925年というのは、日本の総人口が急増している最中であり、まだ世界恐慌も来ていない景気のよい時期である。震災以前から、豊岡では大豊岡構想と呼ばれる大規模な都市改造が

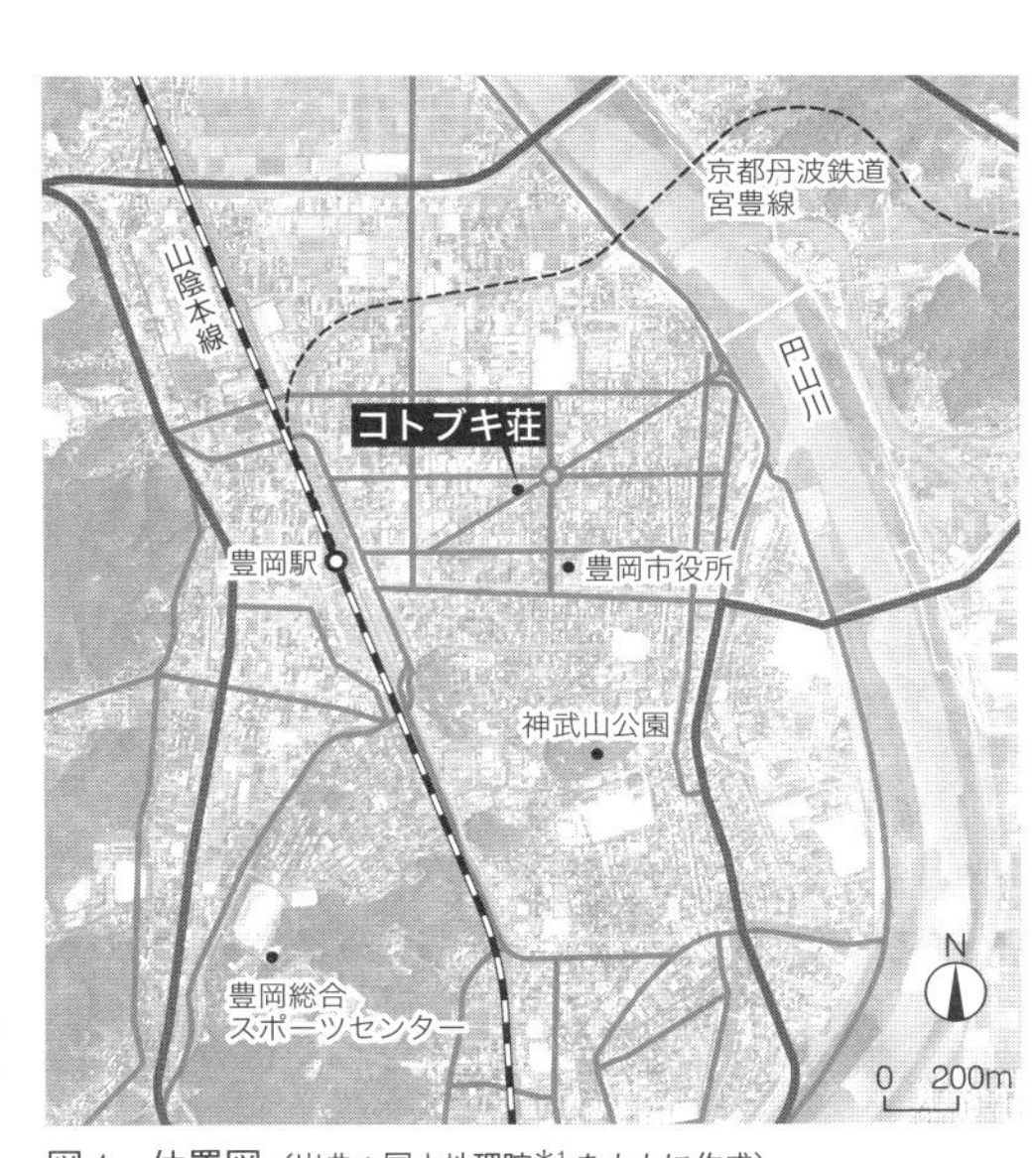

図1　位置図（出典：国土地理院*1をもとに作成）

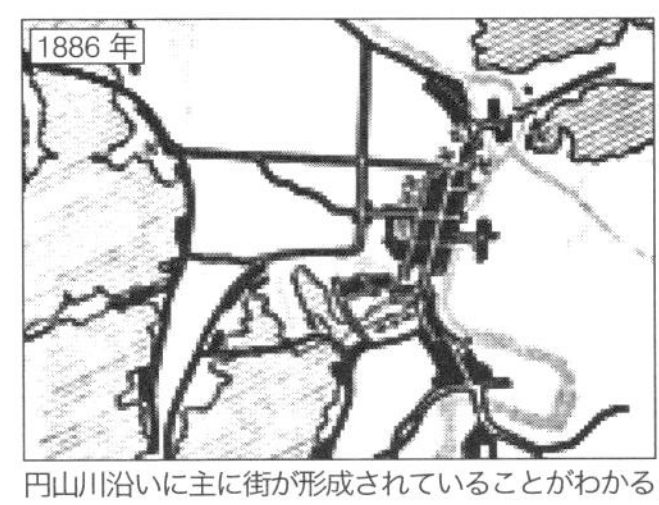

円山川沿いに主に街が形成されていることがわかる

山陰本線が開通し、大開通りや寿通りなど、街が拡大し、グリッド状の近代的な都市計画がなされていることがわかる

図2　市街地の拡大（出典：「豊岡市史」（下巻）より）

始めらており、円山川の付け替え、低湿な水田地域の埋め立て、区画整理や耕地整理によるグリッド状の道路網の整備や、駅前から延びる斜道路の寿通りやロータリーの整備などが進められていた。震災後には、城下町から駅までのメインストリートである大開通りを整備し、市役所や銀行などのシビックセンターを整備した。また大開通りの両側にはコンクリート造の防火建築帯が整備された。

街は関西を代表する「近代都市計画遺産」でもある(図2)。昨今、豊岡において「復興建築群」と呼ばれているのは、洋風・擬洋風の防火建築帯である(図3、4)。豊岡という街のアイデンティティは、この復興期に形成されてきたと考えられる。しかし、復興期に建てらた建築はなにもこれらだけではなく、そのころに建設されたであろう建築物が和風・洋風を問わず、市街地全般の至る所に点在している。それらの「名もなき復興建築」に光をあてることで、多様な復興の物語に焦点が当たることが、街の資源を捉え直すうえで必要だった。

2　地方小都市に少ない「文化的で自由な場」

「コトブキ荘」がかたちづくられていく背景には、「豊岡劇場」(図5)の再生の話は抜きに語れない。「映画だけじゃない映画館」というコンセプトは、映画だけの事業では経営が厳しいだろうから、カフェバーや貸しスペースなど、施設を複合的に利用することで収益性を向上させるとともに、地域の人々が「文化」を基軸にさまざまに交流する場

図3　大開通りと復興建築群

所として再生していくというものであった。この「豊岡劇場」の建物も、大ホールと呼ばれているメインシアターは、約90年前の震災復興による建築であり、魅力的な雰囲気を持っている。カフェバーの若者が、地元で手づくりの音楽フェスを開催していたことや、映画館という建物の持つ防音性能やお客の収容力などから、次第に比較的若手の地元の音楽関係者が、カフェバーに集まるようになっていった。再オープンから1年が経つころには、若者たちが、集い、唄い、踊り、曲をつくり、語り合う、そのような自由な雰囲気の場になっていた。しかし、映画館の経営サイドはこのような状況をあまりよくは思っていなかったようだ。残念なことに「音楽禁止」が常連客に言い渡された。小さな地方都市には若者たちが安心して集う文化的自由な雰囲気の場所が、圧倒的に少ない。ここに集まっていた若者たちは行き場を失ってしまった。

それから半年ほどして、自分たちの手で「文化的な自由な雰囲気のある居場所」をつくろうという機運がふつふつと盛り上がっていった。豊岡の街を眺めれば、そこかしこに空き家が存在している。管理人の住処を比較的に安価に確保し、余った部屋をシェアすることで、人々が集える、文化的で自由な雰囲気の居場所をつくろう。こうして計画の骨格が決まると、運よく床面積250㎡ほどの大きな古民家が、安価で貸し出されているのを見つけた(図6)。木造の和風の復興建築と思われ、近代都市計画で計画された市街地に立地していた。築90年とはいえ状態もしっかりしており、木造の復興建築の雰囲気が残る「豊岡らしい古民家」であることが直感的に理解できた。

空間をシェアして「文化的な自由な居場所」をつくるには、不動産の賃貸契約時にあ

図5　賑わう豊岡劇場のカフェバー

図4　復興建築群

る程度交渉が必要となる。一般的に賃貸契約をする場合、アパートを借りるときのひな形が用いられる。契約時にＤＩＹによる修理を可能にすること、深夜以外の楽器演奏を可能すること、ペット飼育を可能すること、などの交渉をしていく必要があった。不動産会社の社長が非常に協力的で、大家も理解があったので、このような契約が成立している。

経営的には、居住者から家賃の一部を負担してもらい、期を同じくして一般社団法人ワンノート豊岡のメンバーが寺子屋のような「ゼロの学校」という塾を始めることを企画していたので、彼らの事務所とともにキーテナントとして迎え、家賃の一部を負担してもらう。そのほか、数台分の駐車場代や光熱費などを会費から捻出してまわしていく。スモールなビジネスモデルである(図7)。「ゼロの学校」がシェアスペースに同居する形態は、思わぬよい効果を生んでいる。利用する世代は当初20~40代ぐらいの想定であったが、「ゼロの学校」が同居することで、10代の子どもから受験前のティーンが出入りするとともに、その親御さんたちの出入りも増えた。また、学び直したい高齢者も出入りするようになり、利用者層の幅が格段に広がったのである。(図8)。いまでは、音楽を奏でたり、昼寝したりと時に仕事をしたり、学習したり、会話を楽しんだり、

いうように、居住とも仕事ともつかないような「あいまいな領域」を担う「文化的で自由な居場所」となっている。居住をシェアするシェアハウスでもないし、仕事場をシェアするコワーキングスペースでもない。居住者は管理人だけで、小学生からおばあさんまで、まちの人たちが自由に出入りする。寺子屋とシェアスペースの同居というのが、一つのモデルを示しているとはいえないか？　この古民家は、そうした可能性を感じさせるほど、多様な人たちの「あいまいな領域」を見事に包んでくれる器になっている。

さらには、ワンノートが企画する豊岡市内外における音楽イベントや、商店街のイベントや、地域の伝統文化を知るツアーや古本市なども企画され、「コトブキ荘」のメンバーが手伝いに行くなど、地域の文化的な活動の拠点として、さまざまな関わりを生み出している(図9)。

3　予算が少ないのでありのまま使う

基本的な空間利用の骨格は、利用開始してからの数カ月間、関係者の調整や間合いのようなもので、次第に決まっていった。あまり計画的にカッチリと決めていないことで、調整可能性を大きく残し

図8　多様な世代の交流

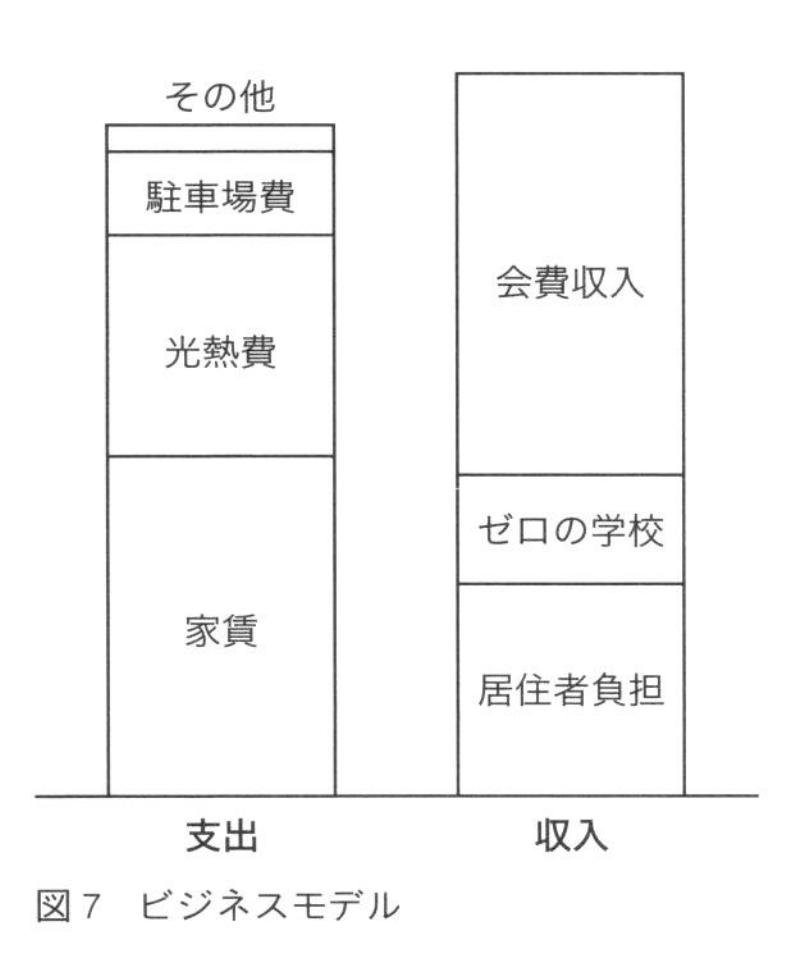

図7　ビジネスモデル

（右頁）図6　コトブキ荘となる古民家

ておくことが「自由な雰囲気」の醸成に貢献している。どこかから補助金をもらっているわけでもないので、予算がない。始めは張替えるつもりだった畳も、まずは拭き掃除で安心して靴を脱いで上がれるようにすることからスタート。畳がきれいになると、座ってお茶でも飲みたくなり、Facebookでちゃぶ台を募集。すぐに数台をいただけた。

古民家の持っている空間的特性を引き出す

さらに改修は続いた。汚れた障子を剥がして骨だけにしたら、涼しいし意外と美しいので寒くなるまでそのままにした。網戸を貼替えると、虫がやってこなくなり部屋の快適性があがる。このころには、[豊岡劇場]に集まっていた仲間たちが何人も、改修作業を手伝いに来てくれるようになっていた。網戸の色の選択は空間の質を決める大きな要素であった。網戸を黒にすることで、網戸の存在感が全くといっていいほどなくなり、寿通りや中庭からの光が自然に入り込んでくるようになった(図10)。これは劇的であった。すべての蛍光灯や配線を外し、シェアスペースとなる母屋の1階はすべて暖色系のちょっとオシャレな照明を用いることにした(図11)。前面の寿通りと母屋の1階を隔てていた曇りガラスは、すべて透明なガラ

図9　コトブキ荘の外観

⑬コトブキ荘

スに替え、通りからはシェアスペースを介して中庭までが一気に見通せる状態になった（図12）。

これらの三つの選択（網戸、照明、ガラス）よって、古民家の持っている空間的特性が引き出され、居心地のよい場所になった（図13）。築90年の古民家は、なるべく当時の光のレベルに合わせることが、空間を再生する技法として大切である。当初は襖の張替えも想定していたが、光が制御されたことによって襖の汚れも気にならなくなった。

その後、wifiを飛ばし複合プリンタを用意して、パソコン作業も行える空間となった。並行して「ゼロの学校」の開設準備も行われており、ベニヤ板2枚に黒板塗料を塗ったものをＤＩＹで制作して部屋の壁に貼った。また、ご縁のある地元の方々から、さまざまな家財道具をいただいた。

最大の集会所・キッチン

しかし最大の問題は、増築部のキッチンにあった。とても使える状態ではなかったが水回りの改修には費用がかかる。しかし人々が過ごすのに必要不可欠である。日当りが悪いため雰囲気も暗く、換気扇まわりの油汚れもひどく、一同はキッチンを敬遠していた。居住者が居る建物で、かつ飲食にまつわる営業行為をする場合には、家庭用と営業用の二つのキッチンの確保が保健所から求められる。結局、キッチンを用いた営業は断念し、床だけは将来的なカフェ営業に対応可能なように、地元の建築士に相談することに。ベニアにオイルステインをたっぷり塗って、水分がしみ込まない仕上げとし、ＤＩ

図10　網戸を貼り替えて、見えるようになった中庭

図11　おしゃれな照明

Yで改修した。台風による浸水時の影響かシステムキッチンの足元も傷んでいたので、ステンレスのシンク部分だけ再利用し、DIYで簡単な脚をつくった。壁紙は白かったが、床のオイルステインによる茶色に合う壁紙の色をメンバーで決め、みんなでコバルトブルーに塗り直した。換気扇まわりも清掃が行なわれ、キッチンは見違えるように明るく、居心地のよい場所へと変わった。いまでは最も人々が集まり談笑する場となっている(図14)。

可変性

こうして、ようやく空間的な構成は整ったわけだが、現在も、空間利用のあり方は随時見直されているようである。例えば、豊岡という街は、夏は全国ニュースに取り上げられるほどの猛暑となる。一方で冬は氷点下まで下がり、たくさんの雪が降る。予算はふんだんにはないので、冷暖房は空間的に限定せざるを得ない。当初想定された空間利用とは異なるが、居住者のプライベートな空間を一部の女性利用者に開放するかたちで、クーラーが設置されたようだ。春秋の通常利用の状態と、夏の利用、冬の利用の状況も異なる。冬には強力なストーブ2機をシェアスペースに設置し、コタツも設置するため、個室のコワーキングスペースはあまり利用されず、シェアスペースに人々が寄り集まって暖をとることが多い。

図12　透明なガラス

(左頁)
右：図13　夜のコトブキ荘
左：図14　冬はキッチンに皆が集まる

4　暮らしの延長線上のプランニング

［コトブキ荘］の事例からプランニングの未来について考える。プランニングに対しては、なにか専門性の高い外部の人が、高度な専門性に依拠して行なうような先入観がある。しかし、もっと身近な暮らしの延長線上にプランニングを位置づけていけないだろうか。20年以上前は、そうした仕事はおおむね公共（行政）が行うことで、そこに市民がいかに参加するか？　といったことがプランニングの命題だった。しかし、いまや市民も主体的に都市づくりに関わり、事業者もソーシャルビジネスとして都市づくり・まちづくりに積極的にかかわっている。このような状況になると、市民や地元事業者が地域に内在し、住まい暮らしていくなかで、暮らしを豊かにするため、活動の一環として自らプランニングを行う必要が出てくる。市民がプランニングの素養を持って、まちにかかわるのだ。彼らを支えるために、専門家に求められる視点として、特につぎの2点を強調しておきたい。

私と公のあいだの仕掛けを支える

人口減少の進む地方小都市においては、それまで私的領域であった空き家や空きスペースを、意図的に半公的な領域へと開放し、利用度を上げていくことが求められよう（図15）。このときにただの「空き」としてではなく、地域の文脈や利用する意味や価値

といった物語を丹念に読み解く必要がある。「コトブキ荘」の古民家は、近代都市計画遺産の中に存在する、和風の復興建築であった。

秩序と混沌のあいだの仕掛けを支える

特に、地方小都市の場合には「既存の秩序」が明快にある。それは少し窮屈かもしれない。そこに風穴をあけるには、少々「混沌としたなにか」が必要である。「コトブキ荘」は、シェアハウスでもコワーキングスペースでもない。「文化的な自由な雰囲気」が生まれた背景には、「これまでにないものをみんなで生み出す感覚」がメンバーに共有されていたことが大きい。既存の秩序にはなかったもの、既存の概念では捉えがたいもの、そうしたなにかを、遊び心とともに生み出していくクリエティビティが求められる。なぜなら、活性化とは、既存の秩序の状態から離れて、異なる秩序の状態へ移行する時に、発現する現象だからである(図16)。

（山崎義人・松宮未来子）

【注】

＊1　国土地理院　https://maps.gsi.go.jp/development/ichiran.html

【参考文献】

・植村善博(2014)1925年北但馬地震における豊岡町の被害と復興過程『佛教大学歴史学部論集』第4号
・山崎義人・松宮未来子（2017）シェアスペース「コトブキ荘」の試み、日本建築学会大会農村計画部門研究協議会資料集

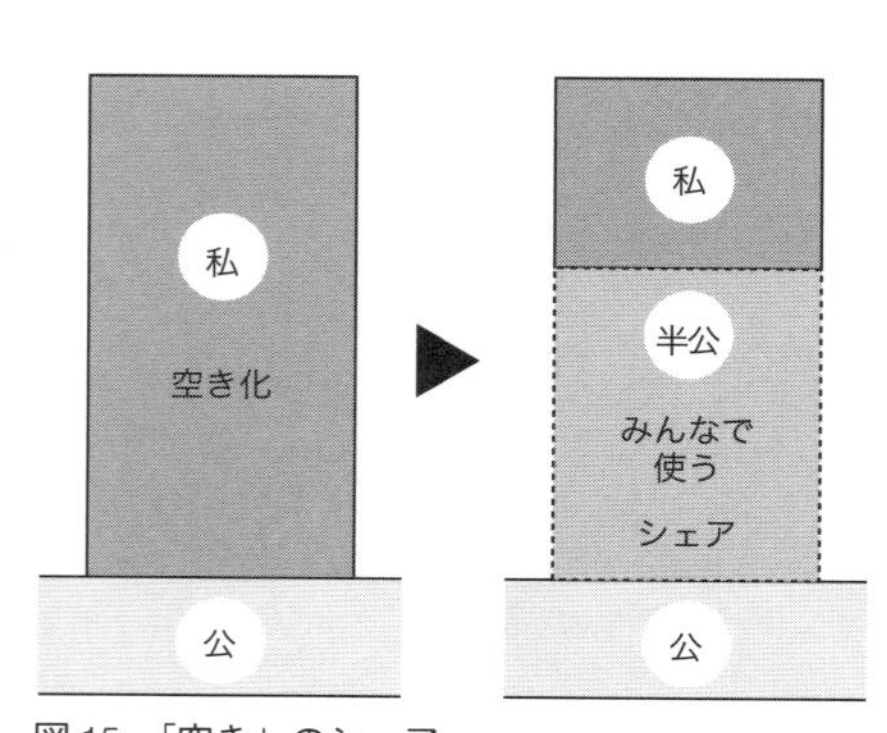

図15　「空き」のシェア

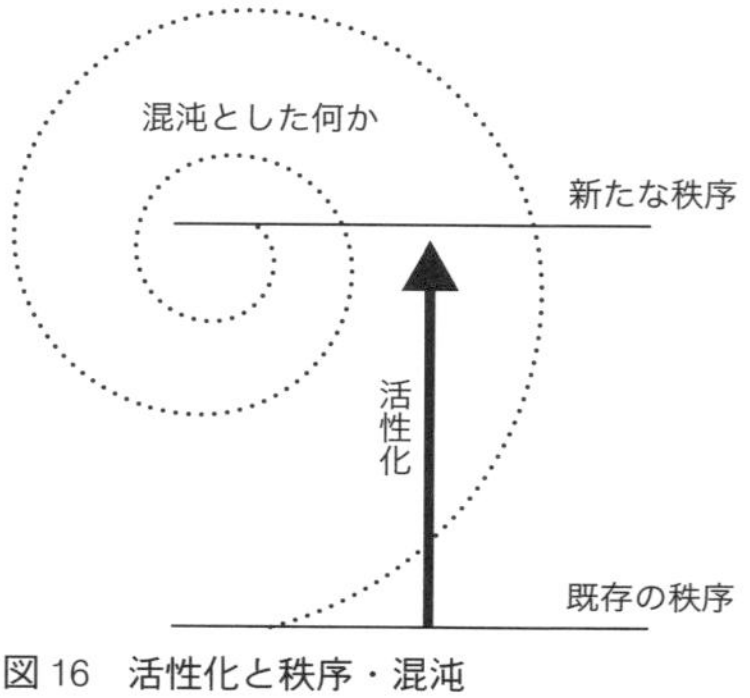

混沌とした何か
新たな秩序
活性化
既存の秩序

図16　活性化と秩序・混沌

⑭隙間の活動を地域価値として見出す

五条界隈（京都市）

――小商いからはじまるエリアリノベーション

名　称　　五条界隈
所在地　　京都市下京区五条通周辺（概ね堀川通から鴨川）
規　模　　延長：約1,400m

1　連鎖的なリノベーションによる界隈の創造

5月の大型連休の一日、自動車の通行のためにできたような、普段は殺風景な50ｍの広幅員の［五条界隈］で、約1㎞に及ぶ区間の歩道部分に人の滞留や散策の流れが生み出された(図1)。「五条のきさき市」[*1]は、「五」条にちなんで、5月5日に開催されていたクラフトマーケットである(図2)。京都の中心部を東西に突き抜ける国道一号線でもある五条通の沿道にあるオフィスビルなどの「のきさき」を利用して行われる。このイベントを支えているのは、周辺の企業等で働く人たちやＮＰＯなどの活動をしている人たちの有志である。そして、出店者は、周辺でお店を開いている人や住んでいる人、さらに京都以外からも駆けつける。

この五条通は、京都を東西に貫く国土軸でもある幹線道路（国道一号線・九号線）を通過する自動車に占められ(図1)、その沿道にオフィスビルやホテルなどの高い建物が林立する「ただの広い道」であり、生活空間として楽しむことのできる魅力的な通りではない。ところが、五条通沿道のオフィスビルが個性を持ったスポットにリノベーションされたことを契機に、ここ数年変化が起きている。最

図1　五条のきさき市開催時の五条通の賑わい

近では、五条通から南北に入ると古ビルや京町家などがアートスポット、ワーキングスペースにリノベーションされた。市内でも先行してゲストハウスが立地し、コーヒースタンドやカフェなども増えている。

また、かつての旧花街（五条楽園）や、鴨川を越えた東側、五条通より北側に位置する松原通界隈、堀川通から西側など、周辺エリアでも空き家・空きビルなどを活用した拠点が登場するようになった。そして、それらも含めたそれぞれの拠点が連携して、界隈の魅力を活かしたイベントを行ったり、雑誌などのメディアで紹介されたりするなど、［五条界隈］が自動車主体の広幅員道路が通るまちから、新しい担い手によるスポットの集積となり、後述する伝統産業の拠点であること再発見され、市内でも魅力を持った新しい界隈として認識されるようになった。

2　隙間から価値を生み出した拠点の登場

［五条界隈］は、室町通の繊維業が集積した地区の一部でもあり、また界隈の南側には、東西本願寺の寺内町として、仏具関係の業種が集積している。さらにそのあいだに、仏壇・扇子・小物類など伝統工芸関係の業種が集まる。しかし、これらの産業の一部は生産拠点を地域外に設けたり、業界自体を縮小することにより産業の拠点だった建物が空きビルとなり、伝統的建造物である京町家なども空き家になっていった。

しかし２０１１年ごろから、このエリアは新しい動きがある界隈として発信されるよ

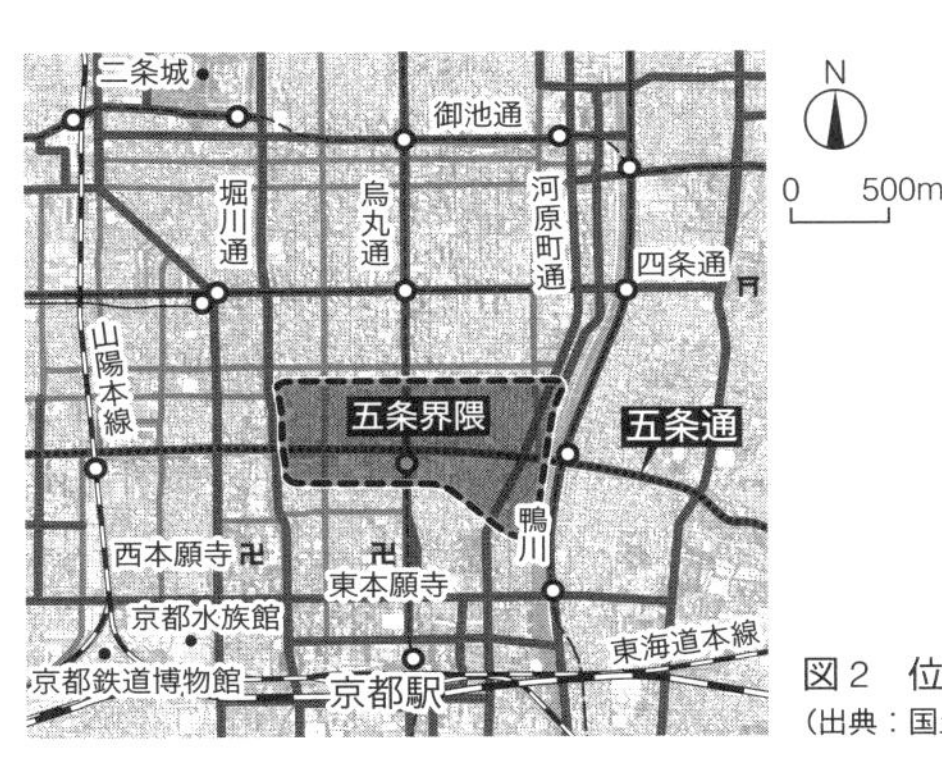

図２　位置図
（出典：国土地理院*2 をもとに作成）

うになる。先駆けとなったのは、同年に竣工した「Jimukino-ueda ビル」だ。オフィスビルが、デジタルクリエーターを対象としたSOHOビルとしてリノベーションされたのだ。翌2012年にも、オフィスビルをものづくりにかかわる人たちの拠点としてリノベーションした「つくるビル」が生まれている。これらを契機として、拠点だけでなく周辺を含めた「五条」というエリアが発信されるようになった。また同時期に生まれてくる新しい拠点は、空ビル、空き家などの古い建物ストックを価値に転換して登場した。

計画の余白

そもそも「五条界隈」は、京都市の都市計画として明確な位置づけを持っていない。京都市では、南北を貫く堀川通、烏丸通、河原町通、東西を貫く御池通、四条通、五条通で囲まれた「田の字」地区を中心部としている。このエリアの内側を「職住共存地区」と位置づけ、1998年に「職住共存地区整備ガイドプラン」を策定した。しかしこのプランは、五条通の一つ北側にある万寿寺通までが対象であり、五条通（とその沿道）は、エリア外の「バッファーゾーン」とされる。また、2012年に策定された京都市都市計画マスタープラン(図3)で、前述の職住共存地区については「特色ある商業・業務機能の維持・充実と都心居住の促進を地域」、田の字を構成する街路と京都駅周辺については「商業・業務機能の立地誘導、多様な都市機能の集積を図る地域」と位置づけられている。また、五条通から南側を含むエリアでは、京都駅西部エリア活性化将来構想（2015年）、京都駅東部エリア活性化将来構想（2019年）が策定されている。

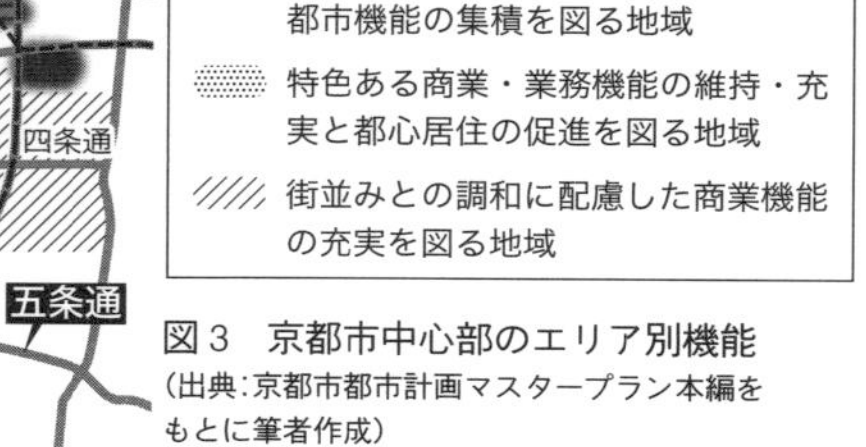

図3　京都市中心部のエリア別機能
（出典：京都市都市計画マスタープラン本編をもとに筆者作成）

しかし、いずれもエリアの外縁部に位置しており、明確な位置づけはない。このように［五条界隈］は、複数の計画・構想が重なっているものの、実際には隙間になっている。その隙間にある空間から新たな価値が創造されている。

3　拠点のネットワーキングによる界隈の創造

界隈の変化を先導し、低未利用の建物ストックで新たな価値を生み出せることを示した「Jimukino-ueda ビル」や「つくるビル」に触発されるように、拠点は断続的に創造されていった。さらにメディアによる発信を通じて(図4)、市内の新しい注目エリアとして認識されるようになる。関係者によると、拠点単体を発信するだけでなく、その拠点のあるエリアとしての魅力を発信することが意図されていたようである。

こうしたエリアの周知段階を経て、さらに界隈では拠点から活動を生み出す、あるいは拠点同士をつないでいく活動が行われるようになる。最初に挙げた２０１３年から５年間開催された「五条のきさき市」(図５）は、その先駆けである。

周辺で活動をする人、周辺企業に勤務する人たちが「つくるビル」と関わりを持ち、それぞれの関係が構築されるようになったことで、地域の多様な人たちの有志によって企画、運営されたのが「五条のきさき市」だ。なお、ビル内にカフェやギャラリーを併設していたことも、地域の人との関係づくりに一役買っている。

さらに、のきさき市の登場以降も、周辺では伝統的な地縁組織を中心としつつ、自治

図４　五条界隈を最初に取り上げた地域雑誌（『Leaf』2012 年 8 月号）

の単位を越え、児童館や商店街などと連携したイベントである「松原通の駅」が五条通の二本北の松原通で開催され、またエリア内での工房やお店などが連携し、同時に公開するイベント「おうちめぐり」が行われるなどエリア内をつなぐ取組みが行われるようになった。

二つのリノベーションビルの企画にかかわっていたI氏は、これらのビルがエリアの価値を高めることを通じて、拠点自体の価値を上げていくことを想定していたようである。エリアとしての価値向上のために、拠点をつなぐ（ネットワーキング）ための活動が行われている。ここで着目したいのは、エリアの将来像を共有するためにだれかがコーディネートしているわけではない点である。一見すると、エリア内に個性的な拠点が点在しているだけである。個別の拠点がそれぞれに活動を展開していること自体がエリアの価値である。

4　都市の余白としての五条界隈

「五条界隈」に拠点を生み出した人たちに話を聞くと、エリアの魅力に惹きつけられてこのエリアを選んだわけではない、という声

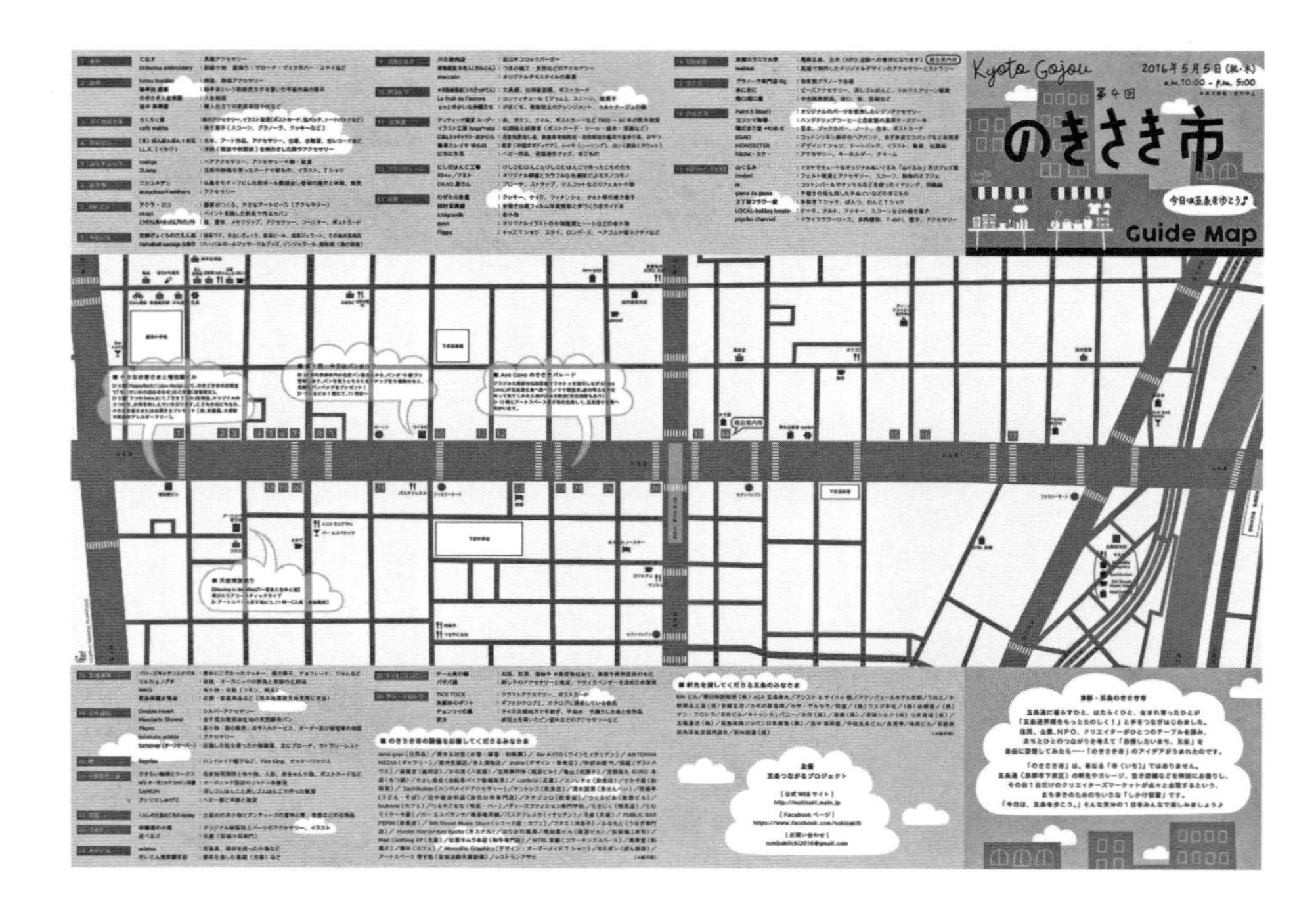

が多い。ではなぜ、この場所を選んだのか。共通した声として挙げられるのは、「利便性の高さに対して、コストが低い」という点である。それは「田の字地区」の南端にある自動車交通の主要軸としてではなく、京都の玄関であるＪＲ京都駅と、中心地にある四条通の中間（しかも徒歩圏内）に位置しているという利便性である。さらに京都と大阪を結ぶ鉄道駅（ＪＲ京都駅、阪急烏丸駅、京阪清水五条駅）のいずれの駅も徒歩圏内である。さらにこの利便性にもかかわらず、不動産価値は他地区に比べて低い。地域課題である空きビル・空き家の増加も、起業する人や拠点を新しく運営する人たちにとっては、魅力的なエリア（家賃が安い）だったのだ(図3)。

ここまで、２０１０年代からのエリアの変化を見てきた。しかし、地域に長くかかわる人の証言から、それ以前からも「五条界隈」は、個性的なスポットが数カ所あり、穴場的なエリアでもあったことがわかる。代表的な拠点として名が挙がったのは、１９８０年代にあった京都を代表するサブカルチャーの拠点といわれたクラブ。先日惜しまれながら解体された築50年超の増田屋ビル。ここはかつて、メディア関係者の拠点やクリエイターのアトリエがあったという。そして、カフェブームの先駆けといえる鴨川沿いの古ビルを活用したカフェ「efish」は、１９９９年から営業している。そういった点では、高い利便性を有しつつも知る人ぞ知る穴場エリアとして、その立地的特長は長年注目を集めていたともいえる。

（右頁）図５　五条のきさき市マップ

余白が生み出すエリアの価値創造

高い利便性の割に相対的に不動産価値がリーズナブルであるという立地から、個性的な拠点が多様に生み出されてきた［五条界隈］。小さな拠点が集積することにより、エリアは特徴ある界隈として認識されるようになった。

このエリアは、都市計画も含めた政策的な位置づけ（土地利用、産業・商業政策など）がない。つまり、エリアの将来像が示されず、リーダーシップを持ってまちづくりを推進する主体もいない。それが結果的にエリア内の各拠点の担い手が創造性を発揮することを促進したということが考えられる。拠点の担い手が自らが運営する拠点だけでなく、エリアをさらに魅力的（楽しく）にする活動をすることが、結果的にエリアの価値を高めることに貢献している。京都の中心部に位置しているにもかかわらず、政策的な位置づけを持たない「余白」が、個別拠点の担い手たちによる活動を通じて、新たなエリアの価値を生み出し、発信されていく。そして、次の「余白」が新たな担い手を惹きつけ、さらにエリアの新たな価値を生み出し、エリアの魅力を高めてくる。

さて、このような新たな価値を創造する「余白」を計画することは可能だろうか。この事例は、都市計画をはじめとする事業や規制などなんらかの「計画」自体が意図する外側に「余白」が生まれる可能性を示唆している。となると「なにもしない」ことを計画することもありえるのだろうか。

（杉崎和久）

【注】

＊1　２０１３年から２０１７年まで５回開催されたが、２０１８年以降開催されていない。

＊2　国土地理院　https://maps.gsi.go.jp/development/ichiran.html

【参考文献】

・京都市（１９９８）職住共存地区整備ガイドプラン

・京都市（２０１２）京都市都市計画マスタープラン本編

⑮余地でつむがれる地域の意図

奈良町（奈良市）

——制度的余地と空間的余地の掛け合わせ

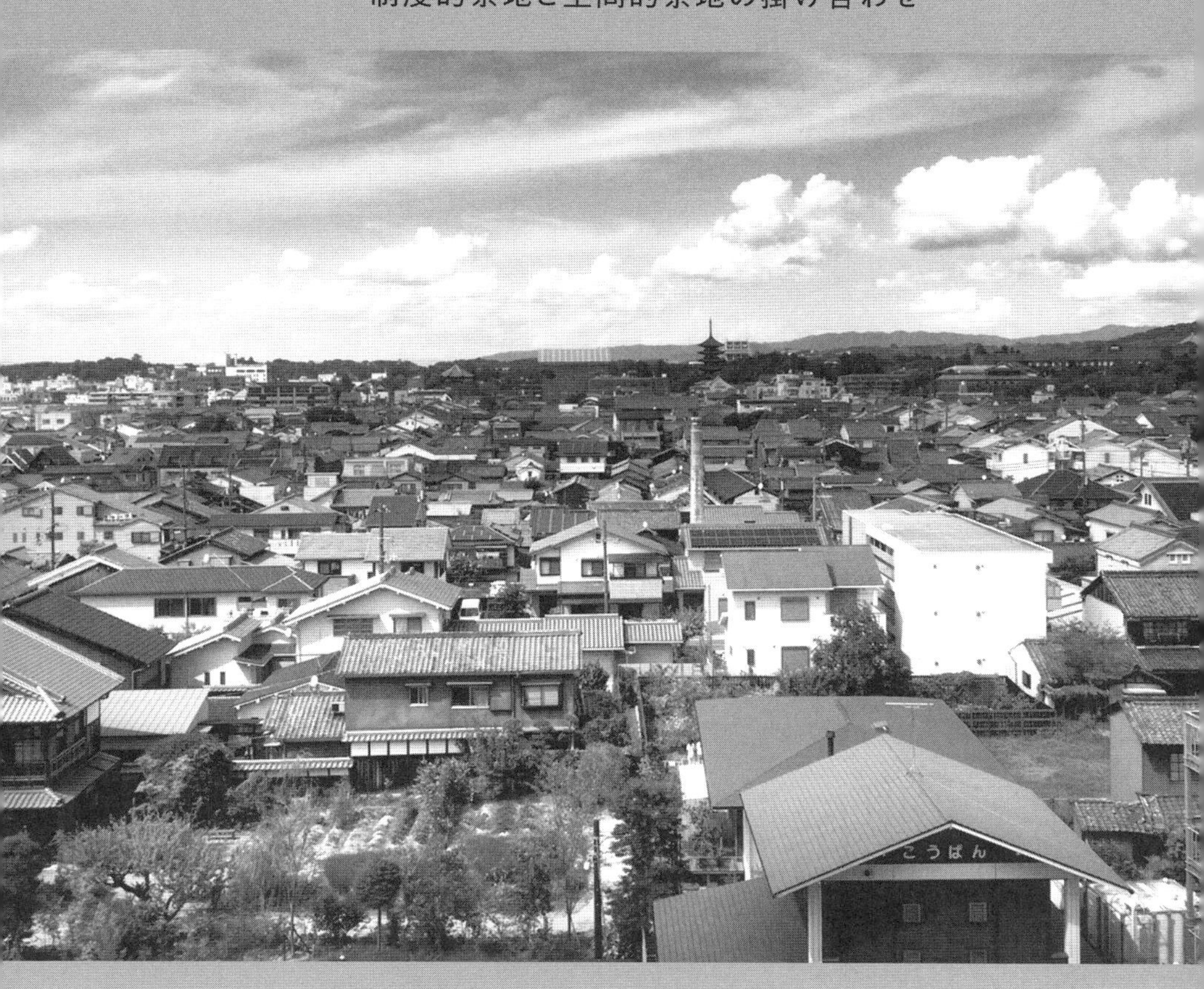

名　　称	奈良町
所 在 地	奈良県奈良市 元興寺界隈、西新屋町など
規　　模	約270ha
取組み主体	民間事業者、市民、商店街組織、奈良市役所

1　歴史的市街地に蓄積される多様な活動

近年観光スポットとして注目を集める［奈良町］は、奈良県奈良市に残る旧市街だ。古都が形成された千年以上昔の街区割をベースに、風情ある町家が数多く残る一方、町家を活用した多様な店舗や、さまざまな年代の住居が混在する（図1、2）。屋根並みの向こうにビル群はない。大きく広がる空の下に若草山や興福寺五重塔などのランドマークが覗く。まち全体を覆う古都のイメージに、昭和後期の建物や現代の生活景がモザイクのように重なり、独特の雰囲気を形成している。それを生み出したのは特定の事業や組織体ではない。１３００年以上かけて人々が積み重ねてきた暮らしであり、生まれ育った人々や新しく来た人々による多様な活動、そしてその活動を可能とする「余地」である。

2　つむがれる空間と地域の意図

ならまち・商店街・きたまち

［奈良町］は大きく三つのエリアに分かれる（図3）。南部の「ならまち」エリアは町家が面的に残り、店舗など利活用事例も多い。中部の「商店街」エリアは駅を中心に商業が集積し、寺社やならまちへ向かう観光客で賑わう。北部の「きたまち」エリアでは住宅街に点在する個性的な店舗が多く、地元住民や女子大生が行き交う。三つのエリア

図1　町家の街並み

図2　商店街の街並み

は隣接し、古都の雰囲気を共有しつつも、異なる風景、異なる活動、異なるまちの楽しみ方がある。

ならまちエリア：建築とコンテンツで暮らしを伝える

ならまちエリアでは、元興寺など世界遺産である歴史的建築物と、町家という地域の歴史・生活を物語る存在が相まって、独自の歴史的空間が見られる。まちなみの価値が見直されたのは、１９７５年の都市計画道路の整備である（表1）。地域では景観を阻害することが懸念され、これを契機に住民が主体となって、ＮＰＯ法人「さんが俥座」などの団体が設立され、景観保全や地域の活性化を考える取組みが始まった。一方で行政も、民間による景観保全や活用を促す施策を講じた。１９８０年代前半から導入が検討された伝統的建造物群保存地区の適用については、住民全体の理解を得ることができなかったが、代わりに条例にもとづく奈良町都市景観形成地区[*2]を定めている。強制力は小さいながらも、民間の自主的な町家再生を一定数生み出す後押しとなった。

元興寺周辺の町家は、置屋や商家として使われていたものもあり、居住目的だけでなく、伊勢街道が華やかだったころに商売目的で建造された規模の大きな町家も多い。これらの町家は平成に入ると、

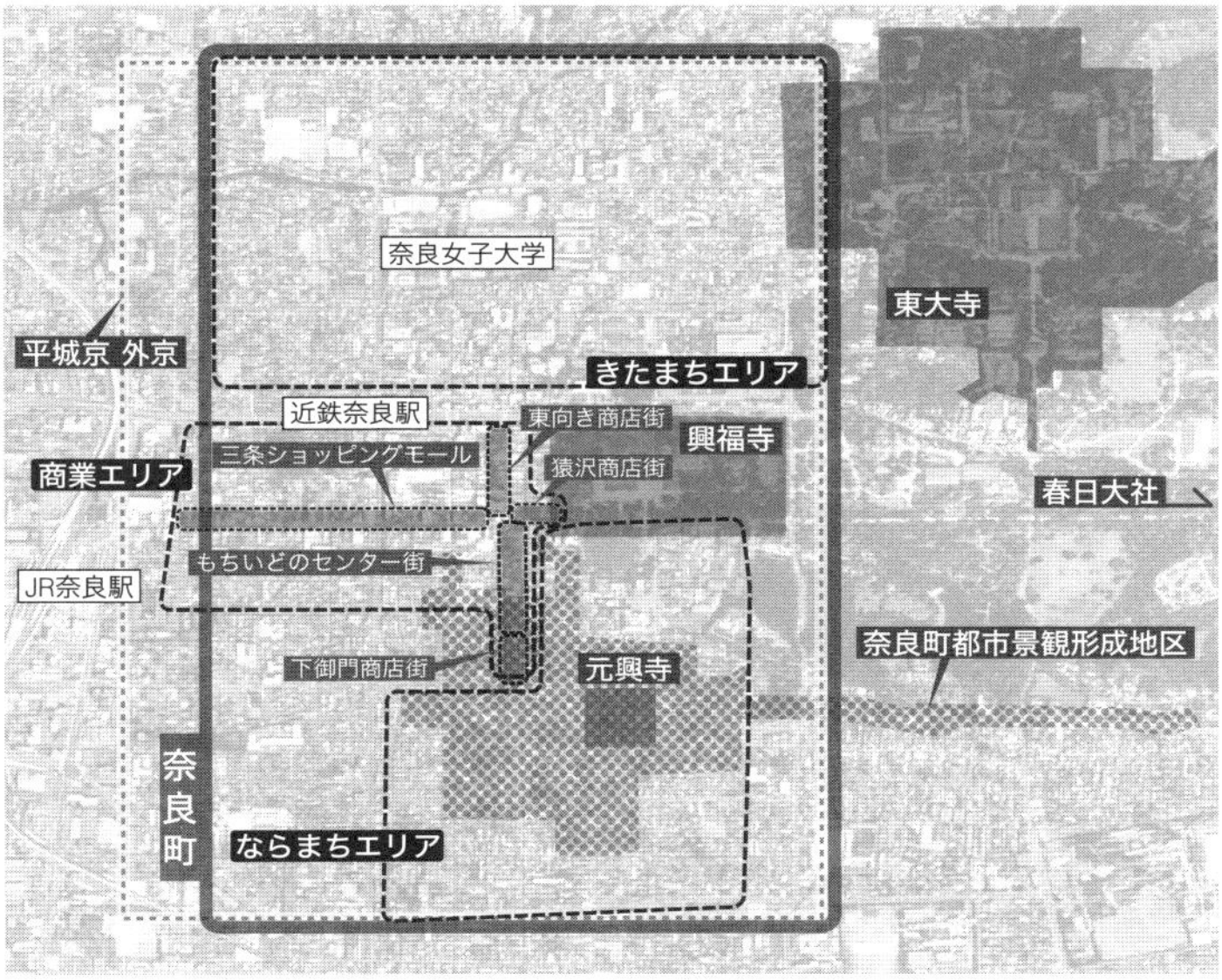

図3　奈良町の三つのエリア（出典：国土地理院[*1]をもとに作成）

住居としての利用に限界を迎え、空き家となるものが出はじめた。最近では、そうした空き家をカフェや物販、ゲストハウスなど、観光客向けの新しい商業に利用するケースが増えている。そのため、2000年前後からは観光地としての色合いが強くなった。「紀寺の家」(図4)は、町家を宿泊施設にリノベーションした事例のなかでも特徴的な事例だ。紀寺の家事業は、来訪者に町家の生活を体験してもらうことで、町家に住む価値やリノベーションして残す価値を伝えることを目的としている。観光地化が進むなか、「奈良町」の生活を体験を通して魅力的に伝えるという工夫が見られる。

一方、当の地域住民にまちの魅力を再認識してもらうための情報発信も欠かせない。ならまち資料館(図5)のように地域の文化、風俗を後世に伝えるような活動から、自治体を中心とした集まり、大学と連携したまちづくり活動、寺社仏閣での地域の憩いや学びのイベントなど、多種多様である。また、地域密着型として生まれた「ならどっとFM」など、各種団体と協働して活動する媒体も立ち上がっている。このように、ならまちエリアでは、京都の祇園エリアなどのような「歴史資源を活かした観光の場所」化というよりは、「一定の観光需要に応えつつも、景観と生活感を維持していく」ことを意図した市民の活動が発生しているのが特徴である。

図5(上下) 奈良町資料館

図4(上下) 紀寺の家

⑮ 奈良町

商店街エリア：次世代を育てる空間づくり

商店街エリアは駅を中心に商店街が並び、地元住民や観光客で賑わう。補助金を活用したアーケード・街路灯などのハード整備を行いつつ、商店街事業の情報交換や視察などを行うネットワークが結成されてきた。２０００年代以降はまちづくり会社の設立など行政とも連携しながら、イベント実施や創業支援などに取り組んでいる。

近年、ブースで区切った建物に、若いテナントが個性的な店を営む様をよく見かけるが、「奈良町」にもその一例が見られる。商店街主体のチャレンジショップである、「もちいどの夢ＣＵＢＥ」（図６）だ。商店街の空き店舗が2割を超えた際、若い担い手を確保し、商店街を次世代につなぐため、商店街組織が空き店舗を購入。蓄積してきた事業のノウハウと人的ネットワークを駆使して、このチャレンジショップを事業化した。意匠面では町家保存運動に携わる建築士により、ならまちと商店街の連結点となることを意図したデザインと回遊性を意識した設計がなされている（図7）。商店街の既存店主らは、経営や独立先探しをサポートするほか、イベントの企画や交流の機会をつくり、地域の新しい担い手を確保している。数年で商店街の空き店舗はほぼ埋まり、「奈良町」内外への独立数は30を超える。周辺では、ビルの建て替えや改装、個店を半分に区切って貸し

表１　奈良町における行政と地域の取組み

時期	行政の取組み	民間の取組み		
		ならまちエリア	商店街エリア	きたまちエリア
1957			アーケード設置※	
1971 ～ 1975	(都)「杉ヶ町高畑線」の都市計画決定	町並み保存について取組む		
1977	市庁舎の移転			
1980 ～ 1984	・西田市長就任 ・伝統的建造物群保存構想	・(公社)奈良まちづくりセンター(NMC)発足 ・奈良町資料館開設	・まちづくり会社前身結成／青年会発足※ ・再開発(組合施工)※	
1988	修景助成制度創設	「奈良町博物館都市構想調査」の提言		
1989	・世界建築博覧会構想 ・奈良県都市景観条例施行 ・伝建地区の住民説明会開催			
1990 ～ 1993	・奈良市都市景観条例の制定 ・奈良市都市景観形成基本計画策定		・アーケード改修※ ・各種活性化事業	
1994 ～ 1999	・奈良市ならまち格子の家 ・市立資料保存館　・奈良市音声館 ・ならまち振興館　・ならまちセンターの整備	・㈶奈良町振興財団 ・NPO 法人さんが俥座の設立		
2002 ～ 2011	・奈良市屋外広告物条例施行／奈良市景観計画策定／なら・まほろば景観まちづくり条例の制定 ・奈良市景観修景助成事業	「奈良町家文化館」開館	・夢 CUBE 開業 ・まちづくり奈良設立	・きたまちエリアの情報発信団体「なべかつ」結成 ・店舗が増え始める
2012 ～ 2013	奈良市眺望景観保全活用計画策定	「紀寺の家」の開業		・旧鍋屋交番「きたまち案内所」開所
2014	奈良町にぎわい特区の提案			
2015 ～ 2017	・景観計画改正／歴史的風致維持向上計画策定 ・新奈良町にぎわい構想の策定	奈良町にぎわいの家、「鹿の舟」の開業	インキュベーター宣言	・奈良きたまち week

※：商店街ごとに時期は異なる。

出すなど、小区画で入居しやすい価格のテナントスペースの供給が増加し、次世代が出店しやすい環境づくりも広がりつつある。

きたまちエリア：点在する個性的な店とゆるやかなネットワーク

きたまちエリアは史跡や町家が点在する昔ながらの住宅街だが、2010年ごろから空き家を活用した隠れ家的な店が増えている。カラカラと荷車を引く豆腐屋、全国からファンが通うロシア雑貨店、古民家にステンドグラスを嵌めた陶器店、歴史グッズを取り揃えた雑貨店などが静かに人気を集めている。奈良公園から徒歩圏であるにもかかわらず、観光客はあまり見ず、移住者や目当ての店を訪れる若者など、個性的な店が静かに人を引き寄せる(図8〜10)。

きたまち限定で何年も物件を探したり、エリアや店舗空間にこだわる店は多い。もともと利用者として訪れていた、愛着ある店舗空間を残すこと自体が出店の動機になっている例もある。地域の組織体やその定期的な会合とは別に、きたまちが好き、きたまちの店主は仲がよいという声も多く、共同イベントや互いの宣伝をする関係性が構築されている。きたまちを盛り上げたいと地図やイベントを手掛ける店主も、「ゆるやかなつながりがちょうどいい」という。互いの店を気ままに訪れ、雑談から出たアイデアを小さなイベントとして実現する。新しい店の計画には、既存の店が物件の紹介や内装工事を手伝うこともあるという。個人のモチベーションによる活動が緩やかにつながり、結果的に空き家となった町家や地域経済、まちの緩やかなコミュニティ形成につながって

図6　もちいどの夢CUBE外観。13年間、空きが出る度に数倍の応募が。家賃、立地、意匠に加え商店街のサポートも

いる。このように、肩の力を抜き個々が楽しんで、連鎖する活動によって魅力づけられているきたまちが、［奈良町］のいちエリアとして機能している。

3　奈良町の余地はなぜできたか

エリアの補完関係と共通項

このように［奈良町］を形成する三つのエリアは、成り立ちが異なる。ならまちは1980年代のまちなみ保存運動、商店街エリアは商業活性化、きたまちは2010年代にゆるやかなネットワークをもとに活動が起きた。三つのエリアは通行量や賃料相場、土地利用上の法的規制など条件が異なる。その差異は、担い手の特性に合わせた受け皿として機能し、また、来街者の多様な志向を受け入れる素地にもなっており、三つのエリアはいわば補完関係にある（図11）。

一方、盆地の地形や高さ規制による空の広さ、点在する寺社、多様な年代の建物や遺構が混在するまちなみの特徴はどの地域も共通で、古都のイメージやその地域資源は、各主体に共有されている。これらを共有した担い手が、新たな活動を展開したことで、［奈良町］という界隈はより広く認知されるに至ったといえよう。

行政による「制度的余地」

［奈良町］の取組みを考えるうえで重要なのは、一定の方向性は定めつつ、ある程度

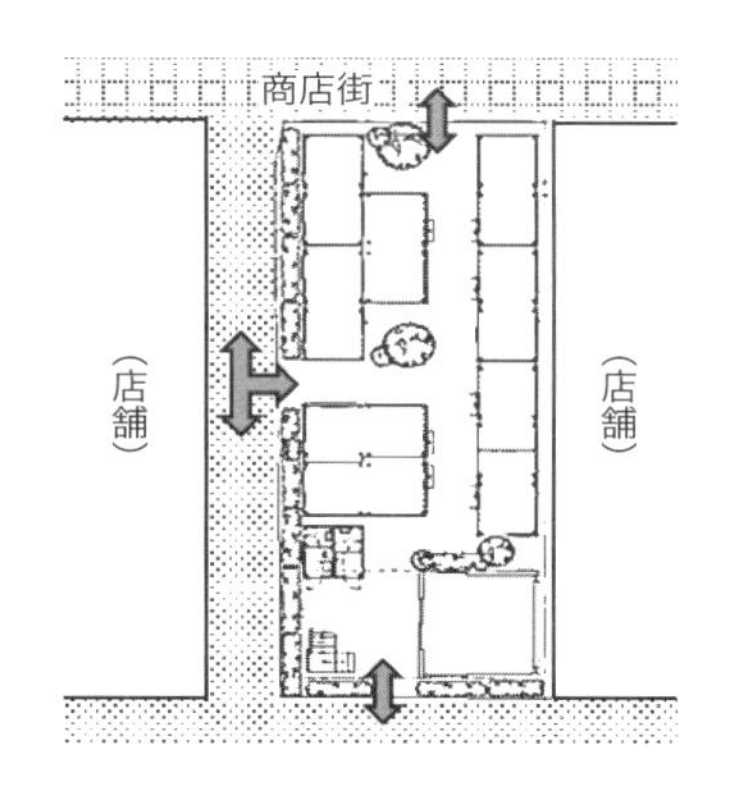

（右）図7　1階平面図。町家保存に携わる設計者がならまちへと路地を通した
（左）図8　マールイ・ミールは全国的にも珍しいロシア雑貨店

自由な活動を許容する制度的余地だ。［奈良町］では、市民の建築行為・商業行為、事業に対して意匠や経済的活動に制限が少ない。行政として、制限を設けることをしすぎなかった。ただし、建築物のデザインや高層化については周辺環境も考慮し、修景助成や一定の制限といった政策を行った。１９７７年市庁舎の移転もあり、オフィスビル集積などはならまちの西側であるＪＲ奈良駅および近鉄新大宮駅周辺に集中していることもそれを裏付ける。再開発などの大掛かりな手法でなく、そのまちの文化や雰囲気を壊さない程度の行政施策にとどまったこと（制度的余地）で、かえって市民の都市に対する活動を生み、新しい都市の使い方を生み出していくことと都市の景観歴史を守ろうという活動の混在を生むという結果となった。またその混在が都市外の人から見ても、「歴史的でありながら、活動が活発で面白いまち」という魅力を生んだ。

有機的かつ自主的な活動の連携

まち全体も各エリアも、指針やコンセプトにもとづいたいわゆる大規模なまちづくりのプロジェクトで形成されたわけではない。小規模な再開発が一部あったものの、ほとんどが、自主的な個々の活動とその連鎖の結果である。

町家活用に関しては建築行為を固く縛るルールでなく、ある程度の自由度の中で自分が感じた建物のよさを活かせる。創業支援では行政の支援メニュー使いながらも、商店主や地権者の自主的な意思により新規個店の入りやすい空間づくりが進む。同様のことはイベントや情報発信でも見られる。きたまちは住宅地への出店だからこそ組織化され

図９　器人器人は一つの古民家の１階と２階をシェア。きたまちを盛り上げたいとイベント企画も

図10　フルコト。器人器人の２階

ない関係で多様な連携が生まれている。まちのイメージの共有や、いまあるまちを守りたい・盛り上げたいという動機の共有がありつつ、ならまちは景観保全、商店街エリアは商業の活性化、きたまちは個人のネットワークといったかたちで、活動が方向づけられ連鎖した。

「空間的余地」の活かし方

一方、活動の「空間的余地」となる空き家や空き店舗は点々と生まれる。個々の空間で、まちなみや建物の魅力や［奈良町］が好きといった個人的な思いから、小規模ながらも主体的な活動が起きる。まち全体の景観を守ることや、エリアを盛り上げる必然性は、そうした活動の中で自然とつながった結果である。まちのためになにが必要かを自ら考え、実行してきた結果として、歴史的景観にもとづきながらも昭和～現代の生活景がモザイク状に重なり独特な雰囲気を醸す、魅力ある都市空間が形成されている(図12)。

余地が引き出す三つのエリアの個性

［奈良町］の面白さは、古都のイメージに各時代のレイヤーが重なり合う独特な生活景、そしてその中で観光・散策や居住、起業な

	きたまち	商店街	ならまち
エリアの特徴	住宅地内で点在する町家	中心市街地	街区割に多く残る町家と周辺の街並み
波及の流れ（空間の使い方）	（昔）住宅地 ⟷ （今）③個性的店舗の点在	中心市街地 ⟷ ②空き店舗への創業支援等 ←	住宅地 ①ならまちの商業的価値の向上
商業的位置づけの住み分け	隠れ家 ⟷ （人通り少・家賃低） ターゲット：コアファン （奈良好きの観光客、地元住民）	大手資本、創業支援等 ⟷ （人通り多・家賃高） ターゲット：多くの観光客 （世界遺産目当て）	観光地 （人通り中・家賃中） ターゲット：奈良を数回以上訪れている観光客
活動者のネットワークの特徴	新規店主の自由なネットワーク型活動 ← 既存の商業組織とは別に地区内での活動が可能	商店街組織・行政	自治会等の地縁組織 新しい移住者や若手事業者

●一定の方向性は定められつつ、ある程度自由な活動を許容する制度的余地がある

●個々の小規模な活動から、個々の有機的な繋がりが生まれた

図11　有機的な自主的活動の連携

ど、多様な関わりしろがあることである。細部までコントロールされた計画や事業からは生まれがたい面白さだ。多様な関わりしろを生むには、プレイヤーに個性を発揮してもらえる制度的な余地、昭和~現代の生活景がモザイク状に混ざり合う空間的余地を設けることが肝要である。画一的な価値を押し付けすぎることなく、その余地(ゆるさ)が三つのエリアおのおのの個性を引き出し、その姿勢はエリア間だけでなくエリア内でも相乗効果や新陳代謝を生んでいる。

まちの歴史的イメージを多彩な視点で捉え、おのおのの視点での多様な使いこなしや、つむぎ出しを生み出すためのフィールドを整え、商業、住環境を踏まえた多様な空間を生み出すためのゾーニング、ルール設定、仕組みづくりは、[奈良町]に限らず、地区レベルのまちづくりを進める方法の一つの選択肢になり得る。

(白石将生・片桐新之介・南　愛)

【注】

＊1　国土地理院　https://maps.gsi.go.jp/development/ichiran.html

＊2　街並みを保全するため、重点的に景観形成を図る区域。1994年に奈良市都市景観条例にもとづき指定された(現在は「なら・まほろば景観まちづくり条例」にもとづく)。景観形成を図る建造物の道路に面した外観の修景事業に対して補助金を交付する。建物の外観を現状より変更する際には市長へ届出を行い、基準に適合しない場合、市は助言、指導することができる。許可制の伝統的建造物群保存地区よりも規制誘導の強制力が緩い。

【参考文献】

・日本建築学会(2003)『建築設計資料集成―地域・都市〈1〉プロジェクト編』丸善、pp.164-167

・南愛・松村暢彦・加賀有津子(2016)商店街組織活動における非公式組織の役割―奈良もちいどのセンター街「夢CUBE」事業を事例に『実践政策学』第2巻第1号、pp.83-95

・南愛・石原凌河・白石将生・谷内久美子・新美真穂・室崎千恵(2016)個店経営者のパーソナルネットワークが中心市街地の魅力形成に与える影響に関する研究―奈良市「きたまち」を事例として『日本都市計画学会関西支部研究発表会講演概要集』14巻、pp.45-48

図12　市民の計画的思考を前提としたプランニングのイメージ

⑯建物とその先の時間も引き受ける

善光寺門前（長野市）

——地域社会と関わる空き家活用モデルの作法

名　　称	KANEMATSUと善光寺門前界隈
所 在 地	長野市長野（KANEMATSU｜長野市長野東町207の1）
規　　模	約57ha
活動主体	有限責任事業組合・ボンクラ

1 KANEMATSUのこと

5年ぐらい前からだったか「善光寺の周辺が面白い」という声を、たびたび耳にするようになった。善光寺のあたりといえば、1998年の冬季五輪後の重苦しい余韻を長く引きずっているかのように思われたが、なにやら変化が起きているらしい。その発端は、「KANEMATSU」という建物だという(図1)。

3棟の蔵と、それを接続する平屋から成る床面積約150坪の大きな建物。1階正面入口には、天然酵母でつくる自家製パンを出すカフェ*2が入居する。奥には、天井まである本棚が囲む古書店と、長野の暮らしや文化の魅力を発信する編集者の作業場などが並ぶ。これらをつなぐ鉄骨の素屋根のかかったがらんどうの大空間である平屋部分は、普段は利用者の動線として共用され、時にイベントスペースとしても活用される。各蔵の2階は、建築士、デザイナーらがシェアする仕事場にあてられている(図2、3)。

有限責任事業組合・ボンクラの登場

門前の表参道から一つ小脇にそれた東町にあるこの建物は、19

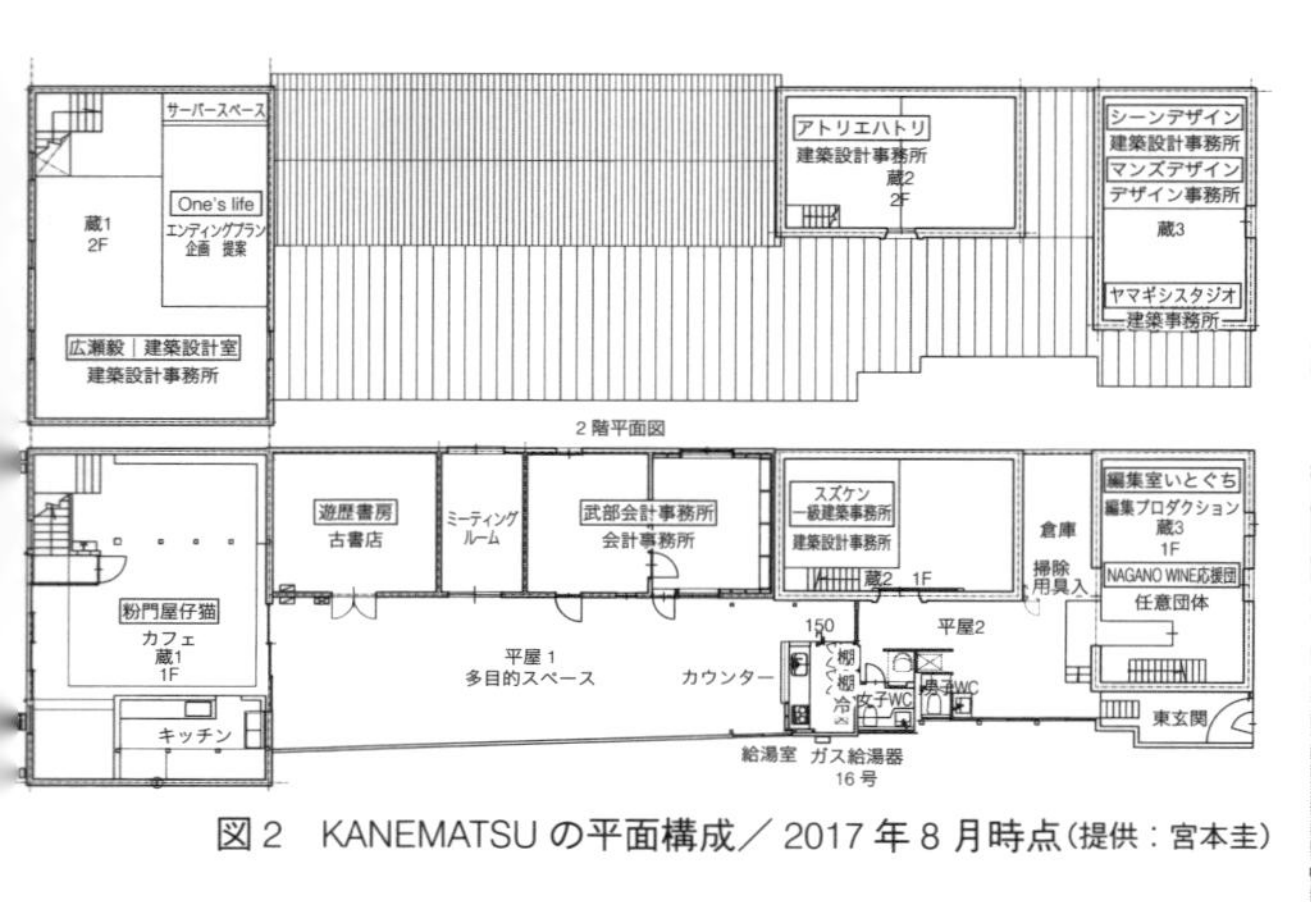

図2　KANEMATSUの平面構成／2017年8月時点(提供：宮本圭)

図1　位置図
(出典：国土地理院*1をもとに作成)

10年に建てられた。その後1971年からは、ビニール製品の卸売業を営む金松商事の工場・倉庫として稼働。東町はかつて、商工業の問屋が建ち並ぶこの地域の経済活動の中心地だった。それが時代の変化とともにすぼみ、金松商事もまた経営の再編に追われ、2008年の末に転居を余儀なくされた。KANEMATSUは、この金松商事が使っていた倉庫・蔵を、「古い建物が持つまちと共有した時間を、まちの魅力として再評価すること、そして人とまちをつなぎながら、自ら古い建物で日々を営むこと」を実践するプロジェクト拠点として、建築士、デザイナーら5社7名で構成する有限責任事業組合・ボンクラ[*3]（以下、ボンクラ）が、所有者から借り受け、自らの手で改修しながら使う建物だ(図4、5)。借り受け当初の2009年秋時点では、ボンクラ参加者の仕事場とイベントスペースのみだったが、その後数年かけてテナント入居等とあわせた改修が進み、程なくしてこの建物は、「善光寺門前」にある空き家の活用価値を具体表現した模範的な事例となった。いまや全国的にもよく知られている門前の「エリアリノベーション」[*4]。そのトリガーとなったのもKANEMATSUだ。

図3 KANEMATSU：開かれた共用スペース
（右）改修前（撮影：太田伸幸）
（左）改修後

外観を「変えないこと」に込められた意味

この建物がなぜ、「変化」の発端になったのか。以前にも、門前にある空き家に着目したメディアはあった。空き家の活用事例もないわけではなかった。この建物自体にも、だれもが認める建築的な価値などほとんどないように思えた。理由を求めるならそれは、借り手が建物をこれから先の未来に向かって引き受けていこうとする態度を、建物の所有者とこのまちに対して、明確に表明したことにあっただろう。

土地家屋に課せられる固定資産税・都市計画税に相当する額を、月々の家賃に含めて支払うことや建物の維持管理・修繕等にかかる費用を借り手側で負担することに加え、ボンクラは、建物の歴史を大事にした活用方法を探ることと、自主的な活動を含めてまちのお祭りや清掃活動に積極的に参加することを条項に入れた契約を、所有者と交わした。借り受け当時のまま「ビニールの金松」とかかれた看板を掲げた外観は、借り手のこうした態度を端的に表している。

KANEMATSUが「変化」の発端となり得たのは、地域経済を下支えした建物の履歴を読み解き、建物がそこに存在してきた時間の奥行きを、次の時代に保全していこうとする借り手の態度が、外観を通じてまちに表出しているからだ。KANEMATSUにさまざまな人が

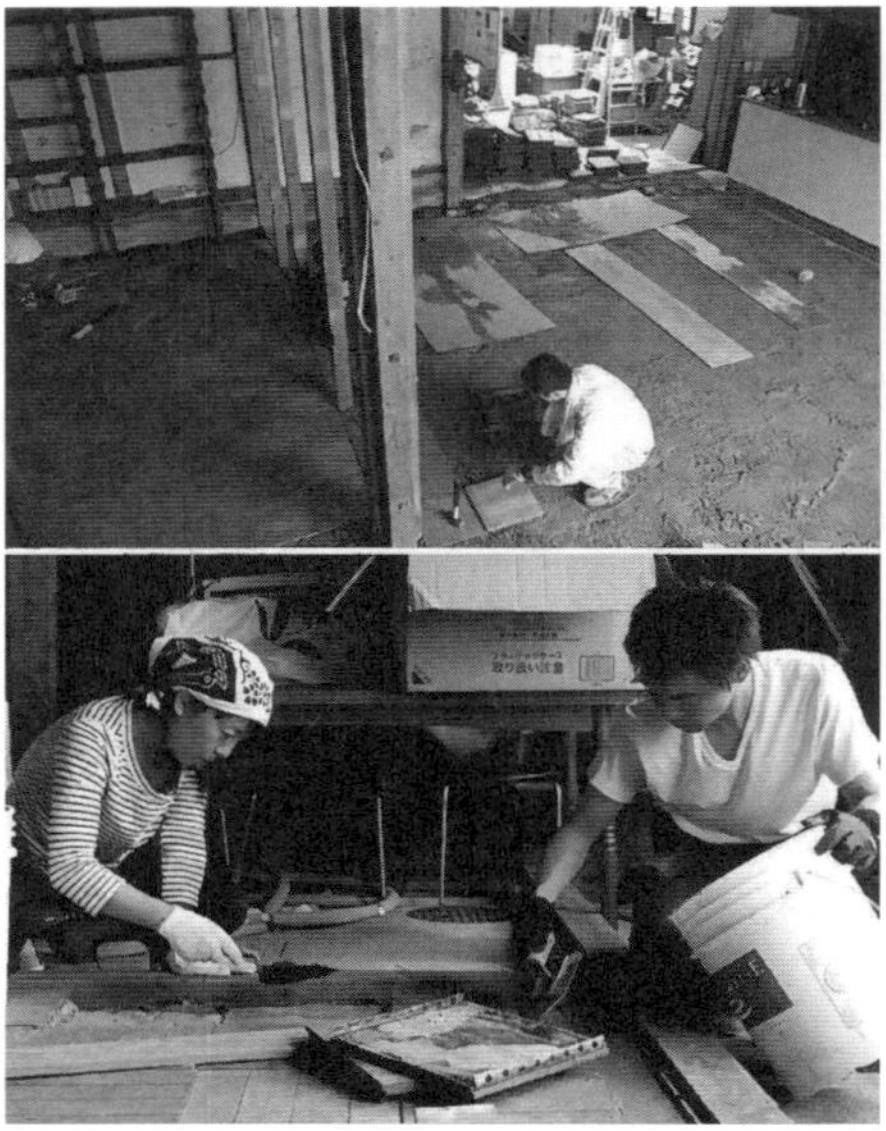

図4　異業種からなるボンクラLLP（撮影：太田伸幸）

図5（上下）　改修はDIYで（提供：宮本圭）

（左頁）図6　共用スペースでの活動（左）は、その外側にいる人や活動と結びついていった（右）（チラシデザイン／撮影：太田伸幸）

集まるのは、建物の新しい使い途以上に、「変えずに残されているもの」が持つ意味に共感を覚えるからだろう。

2　さまざまな人や活動との結びつき

KANEMATSU を誕生させたボンクラは、互いに仕事場をシェアしながら、まちの文化を触発する枠にとらわれない活動を次々と生みだした（共用スペースは、市民らによる文化活動の発現の場になった）。隔月ペースで企画されたフリーマーケットのテーマは、本、子ども、花と葉っぱ、スポーツ・アウトドア、暮らしの知恵など多岐にわたった。そのほかに、クリスマスイベントやチェンバロの演奏会の舞台にもなった。独特な雰囲気をもつ空間のよさが、訪れる人に共有されると、スペースの貸し出しも行われた。地元新聞社なども事あるごとにその様子を拾い、世に報じた。

まちへの展開1：「エリアリノベーション」の原動力

やがて KANEMATSU での活動は、共用スペースを飛び出し、学校の校舎を美術館に見立てたアート制作活動への参画、惜しまれつつも解体が決した市民会館の記録制作活動、大正から昭和にかけて東町の菓子店で製造・販売されていたという幻のパンの復刻企画など、その外側にいるさまざまな人や活動と結びついていった(図6)。

門前における空き家活用の面的な波及も、おおもとをたどれば、まちの人との関わり

で生みだされた一つひとつの地道な活動に行きあたる。「エリアリノベーション」と呼ばれるその波及の原動力となったのは、小さな不動産会社（マイルーム）の存在だ。２０１０年５月に起業したこの不動産会社は、KANEMATSUを探し当てるや入居を志願し、空き家の仲介業を始めた。自らの足で建物を限なく観察し、市場に出ていない空き家を見つけては、所有者をつきとめ粘り強く交渉を行い、独自の空き家の仕入れルートを確立した。仕事場をシェアするボンクラと行動を共にし、建物がつないだ多様な結びつきを共有するなかで、地元自治体の助成事業で移住相談や空き家見学会を主催する市民団体（ナノグラフィカ）と連携し、自ら案内役を担うなどして空き家活用の関心層を掘り起こした。

まちへの展開２：空き家活用をサポートする拠点

２０１２年には、KANEMATSUに入居する空き家活用の企画から施工に至るまでを一括でサポートする事業を企画。ボンクラ参加者である建築士・デザイナーと組み、任意の事業体「ＣＡＭＰ不動産」を立ち上げ、KANEMATSUと同じ東町で、文具卸売会社の事務所・倉庫として使われていた建物群の改修を中心とした、活用の〈具現化を手引きする〉拠点整備「SHINKOJIプロジェクト」に着手

図７　右上は改修前（撮影：宮本圭）、左上は改修後の活用の様子（撮影：内山温那）、左下は活用の方向性を共有するイメージ（提供：宮本圭）

した(図7)。これは、活用の〈様を見せる〉KANEMATSUと対をなす事業展開だ。

所有者の異なるそれぞれの敷地の境界をあいまいにし、建物と建物のあいだを、路地をつたって行き来できるようにする。空き家の活用と同時に、その周囲の建物との関係性の再構築を図るこの事業展開には、その全体性を意識しつつも、全体像を固定化するような総合計画図などない。あるのは、事業に関係する全員で方向性を共有するために、ボンクラ参加者である建築士が、不動産会社の妄想めいたアイデアを落とし込んだイメージだけだ。

とはいえ、方向性の共有は、個々の目的や価値観とは別に、共感者を増やし事業に機動力をもたらす。明確な全体像をつくらず、状況の変化に柔軟に対応しながら事例ごとに最適解を見出し、それをその都度パズルのように組み合わせていくこの実践手法(図8)は、どこか長野県小布施町の町並修景計画[*5]を彷彿とさせる。事業体を構成する不動産会社、デザイナーらとともに、ボンクラの中心人物として門前の「変化」に大きく貢献してきたこの建築士(宮本圭)は、小布施のプランナーであった故宮本忠長のもとで多くを学んだいわば教え子だ。宮本の実践手法は、教え子に受け継がれ、善光寺の門前で息づいている(図9)。

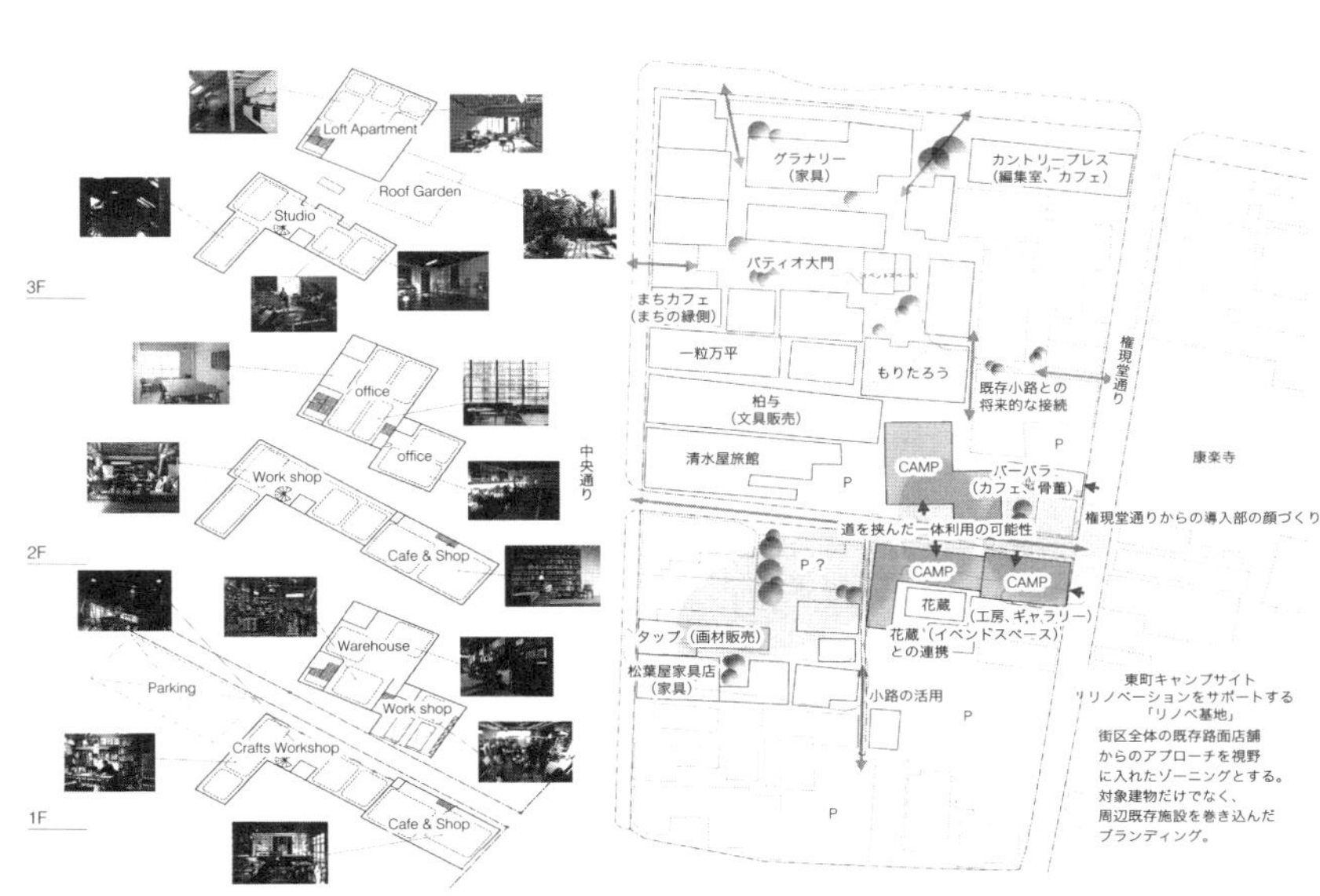

図8　拠点とその周囲との関係性の再構築を図る事業展開(提供：宮本圭)

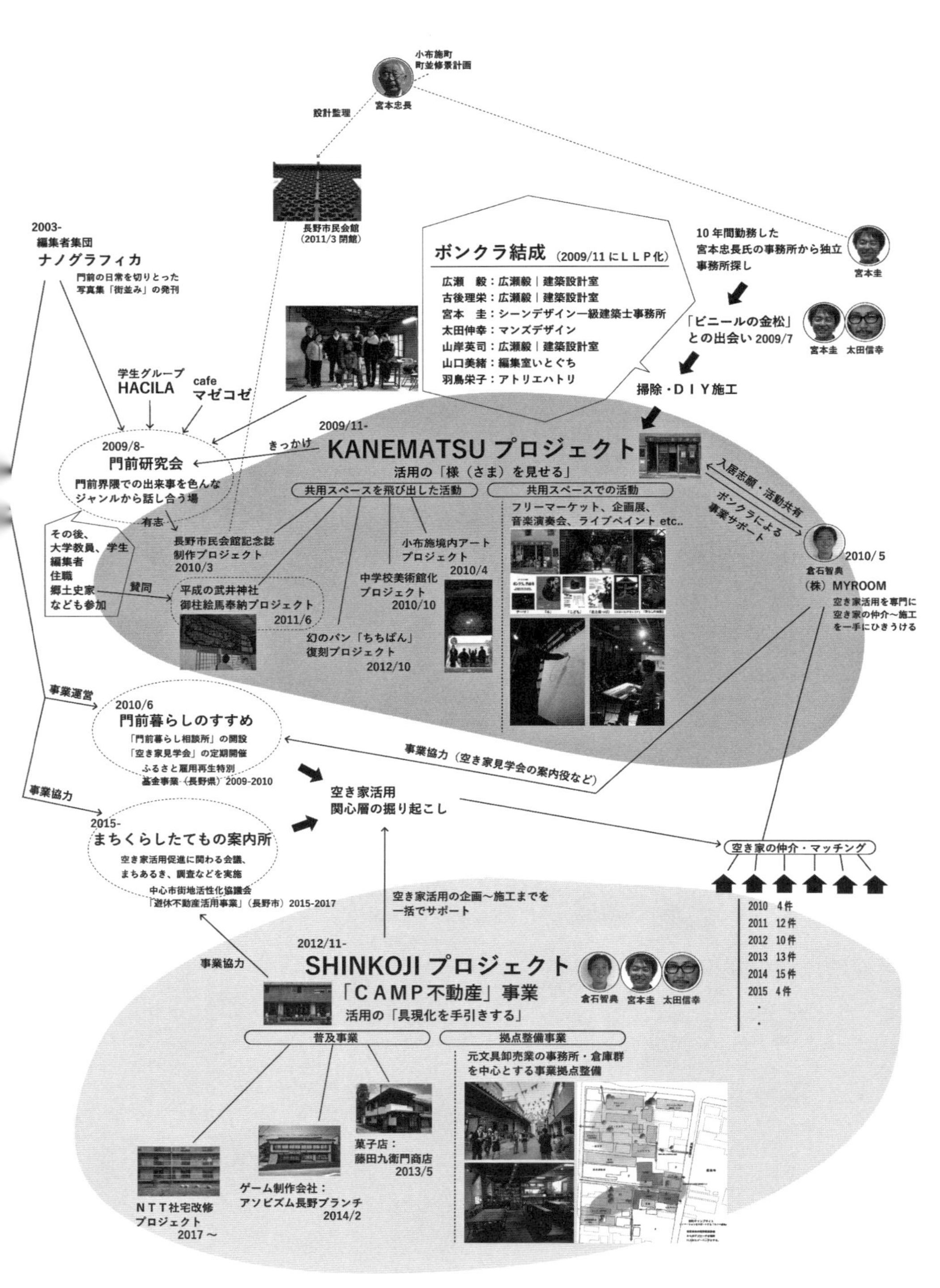

図 9　［KANEMATSU］からのひろがり年表

3　絵馬との関わりが生んだもの

KANEMATSU の活動から、東町界隈でつくられるコミュニティとの深い関わりも生まれた。その一つに「平成の武井神社御柱絵馬奉納プロジェクト」（略称・絵馬プロ）というものがある（図10）。

同町にある武井神社は、善光寺をまもる善光寺三社の一つとして知られ、24年に1度、御柱大祭が執り行われる。この神社の拝殿には、そのときの大祭行列の様子を描いた色鮮やかな絵馬が奉納されている。横幅3・5ｍもある、とても大きな絵馬だ。かつては、江戸、大正、昭和の各時代に制作され、なかでも１８６０年に描かれたとされる江戸時代の絵馬は、当時の大祭行列の実態をよく知ることのできる貴重な資料として市の有形文化財に指定されている。２０１１年12月、ここに平成の絵馬が加わった。武井神社で２０１０年秋に執り行われた大祭行列の様子を描いたこの絵馬は、当初、氏子総代のあいだではあまり前向きに制作が検討されていなかったという。これまでのいずれの絵馬にも描かれてきた活気に満ちた町衆のすがたを見るにつけ、「平成」になってはじめての大祭というのに、絵馬の制作資金や労力は当然のこと絵師のあてすらない。どこかい

江戸

大正

昭和

武井神社に奉納された「平成の絵馬」

図10　時代を越えて受け継がれる絵馬を「平成」の時代に制作する（江戸、大正、昭和の写真撮影：内山温那）

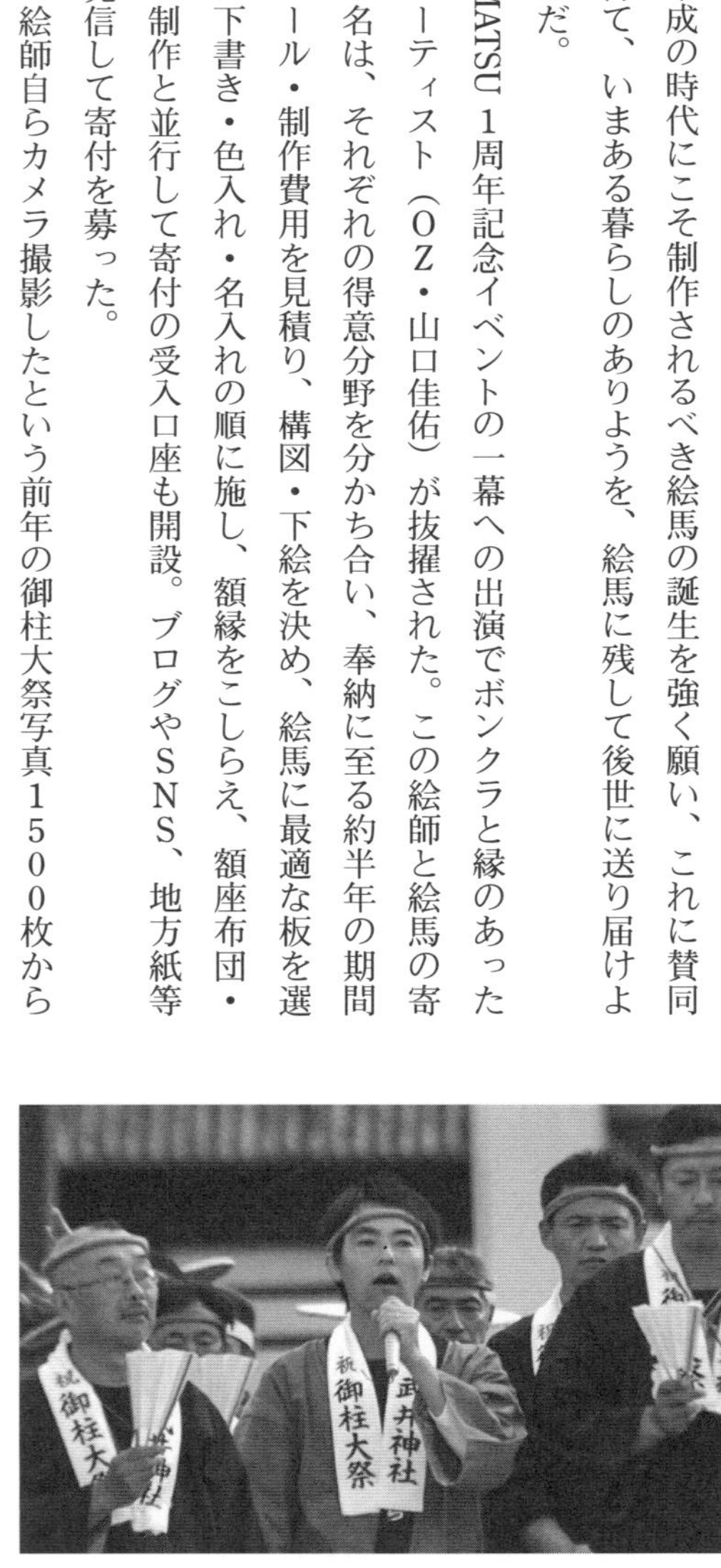

まの時代に対する閉塞感もあったのかもしれない。

こうした状況に、ボンクラを中心とする有志7名が平成の絵馬の寄進を申し出た。ボンクラは、２００９年のKANEMATSUを借り受けて以来、町の行催事に積極的に参加し、２０１０年の御柱大祭では木遣り唄を唄わせてもらうなど界隈との親交を深め、絵馬制作にかかわる懐事情もよく知っていた。氏子から寄付が集まらないならもっと広い範囲から募ればいい。武井神社に仕えるごく限られた人たちによるそれまでの制作方法から方向を転じ、このまちと関わりある多くの人の手による制作方法をと、氏子総代会で寄進の意向を添えて提案。これが氏子総代会、満場一致で了承された。

絵馬プロとは、平成の時代にこそ制作されるべき絵馬の誕生を強く願い、これに賛同する人々の協力を得て、いまある暮らしのありようを、絵馬に残して後世に送り届けようとする運動のことだ。

絵師には、KANEMATSU１周年記念イベントの一幕への出演でボンクラと縁のあったライブペイント・アーティスト（ＯＺ・山口佳佑）が抜擢された。この絵師と絵馬の寄進を申し出た有志7名は、それぞれの得意分野を分かち合い、奉納に至る約半年の期間で、全体のスケジュール・制作費用を見積り、構図・下絵を決め、絵馬に最適な板を選定・加工し、そこに下書き・色入れ・名入れの順に施し、額縁をこしらえ、額座布団・額受をしつらえた。制作と並行して寄付の受入口座も開設。ブログやＳＮＳ、地方紙等で制作過程を情報発信して寄付を募った。

絵図の中心には、絵師自らカメラ撮影したという前年の御柱大祭写真１５００枚から

図11　御柱大祭で木遣りを唄うボンクラ宮本（撮影：太田伸幸）

特定した参列者４３５人の出で立ちやふるまいが躍動的に収められ、自然を表現した緑の映えるすやり霞が奥行きを成す背景画には、１０００人以上の見物客のすがたや門前の暮らしを象徴する建物が描き込まれた。制作作業の会場となったKANEMATSUの共用スペースには、絵馬制作の現場をひと目見ようと、東町界隈をはじめ各地から多くの人が訪れた(図11)。こうした一人ひとりの未来への思いも絵馬制作の記録データとして、御柱大祭の写真と一緒にＵＳＢに保存され、絵馬の木枠にそっと埋め込まれた。

こうして平成の絵馬は、江戸時代からある綿々たる伝統を受けとめ、制作に携わった多くの人の思いとともに氏子の町に迎えられた(図12)。KANEMATSUで表明された態度は、絵馬の制作から、まちという広がりにおいて具現化されたのだ。

4　KANEMATSUの作法

善光寺は、宗派や男女の区別なく受け入れる庶民の寺としてよく知られる。境内は常に開け放たれ、参拝者は年間７００万人を数える。絶えず人々が行き交うその土台には、まちが約１４００年かけてつくり、重んじてきた他者への寛容さがあるという。

ボンクラに端を発して繰り広げられた多様性のある活発で自由な活動は、その歴史と風土が育んだ文化とも密接に絡んで展開した。そして舞台となったKANEMATSUは、その後の空き家活用の先導的役割を果たしたのと同時に、空き家活用における作法ともいうべき態度を体現的に示した。外観を「変えないこと」に象徴される借り手の態度は、

図12　町の人たちに構図を説明する絵師(右)と、躍動的に描かれた平成の御柱大祭行列(左)(右撮影：くぼたかおり、中出典：『KANEMATSU』発行FP、左撮影：関谷まゆみ))

地域社会における世代間の隙間を埋める接点になった。

空き家活用の面的な波及においては、KANEMATSUの作法を共有し、空き家仲介を事業化した不動産会社の登場が大きく、空き家関心層の掘り起こしには、市民団体が貢献した。地元自治体が空き家の有効活用を政策的課題として位置づけたのは、空き家活用の面的な波及によるまちの変化が顕在化してからのことである。

建築基準法の単体規定でつくり上げる部分の集合は、まちに多様性をもたらすものの、互いの相乗効果を生みにくい。とはいえ、予定調和の計画による未来像の固定化が、魅力的なまちの実現を可能にするとも思えない。

KANEMATSUは、確実でないとはいえ、未来への方向性を確かめるために拠りどころとなる「地図」を示した。その後のことは、地図を共有した個々が、まちとの関わりしろを見つけて実践した所産なのだ。まずは地図を手元に用意すること、そこから自らもかかわる新しい未来を切り開いていけるのではないか。

（穂苅耕介）

【注】

＊1　国土地理院　https://maps.gsi.go.jp/development/ichiran.html

＊2　２０１８年６月末に長野駅前への移転に伴い退去（同スペースには、２０１９年１月にコーヒー専門店が入居）。

＊3　２０１８年12月末をもって解散した。

＊4　空き家の活用が進む善光寺門前は、エリアリノベーションの先進的事例の一つとして、多数メディア（倉石（２０１６）や山本（２０１５）を含む）で取り上げられている。

＊5　１９７６年の小さな美術館の開館を機にスタートした生活環境の面的な整備事業。約30年以上の歳月を重ね、地方にある小さなまちの原風景を、近代的な手法で再構築しようとした試み。宮本忠長は建築家として参画し、複数の地権者のアイデアの調整役を担った（宮本（１９８７））。

【参考文献】

・宮本圭（２０１０）物語を重ねてゆくこと（シリーズいきいき街づくり：長野）『Ａｈ！』37号、日本建築学会北陸支部
・ナガブロ・ボンクラの日記（２００９年７月〜２０１４年４月）http://bonnecura. naganoblog. jp/（２０１７年10月６日閲覧）
・倉石智典（２０１６）エリアリノベーションの実践・長野市善光寺門前『エリアリノベーション―変化の構造とローカライズ』（馬場正尊＋Open A 編著）学芸出版社
・山本恵久（２０１５）長野・門前町のリノベーションまちづくり、新局面に―２０１０年代から急進展（新・公民連携最前線）http://www. nikkeibp. co. jp/atcl/tk/15/434169/080700035/（２０１８年２月19日閲覧）
・宮本忠長（１９８７）マスタープランのないまちづくり―小布施町並修景計画『住宅特集』６月号、新建築社、pp.44-51
・ナガブロ・絵馬プロジェクト（２００９年９月〜２０１２年９月）http://scene design. jp/blog/（２０１７年10月６日閲覧）

2 章

小さな空間と大きな都市の関係をとらえる

プランニングを進める空間的技法と計画的思考の両輪

佐久間康富

ここでは都市をプランニングする手がかりとして、いくつかの用語について説明したい。

まず、タイトルにもなっている「プランニング」とは、端的には「計画すること」であり、変わり続ける「都市空間に対して働きかけること」である。

では、「計画」とはなにか。「計画」とは都市空間へ働きかけようとする「主体の意思を分かりやすく整理し、表現したもの」[*1]である。つまり計画の根源にあるものが主体の意思であり、本書で言う「計画的思考（プランニングマインド）」[*2]である。そして、主体の意思によって「都市空間に対して働きかける」際、手がかりになるのが「空間的技法（デザインスキーム）」[*3]である。

わたしたちの身の回りには多くのものがある。わたしたちはなにもない空間からわたしたちを見出すことはできない。生まれ落ちたときの家族構成、生活文化、言語、自然といった身の回りのものとの応答関係によって、わたしたちを見出していくことができる。たとえば、自己紹介をするときに手がかりになるのは、「名前」「出身地」「性別」「生年月日」「趣味」「好きなもの」……など、すべて「わたし」の身の回りにあるものである。こうしてわたしたちは身の回りのものによって形づくられている。そして、その関係は一方向ではない。わたしたちは身の回りのものによって形づくられるだけでなく、必要があれば身の回りに対して働きかけをすることもできる。手を入れ、移動し、改善することができる。こうしてわたしたちと身の回りのものはそれぞれ独立して存在するものではなく、相互に規定しあう関係にある。

このわたしたちと身の回りのものとの関係を、都市空間において考えてみたい（図1）。わたしたちが都市空間を理解するときに、手がかりになるのは、用途、色彩、面積、高さといった都市空間を認識し共有する枠組みである。こうした枠組みによってわたしたち主体が形づくられると同時に、都市空間に対して働きかけようとする意思が立ち現れてくる。この都市空間に対して働きかけをしようとする主体の意思が「計画的思考（プランニングマインド）」である。

そして、計画的思考により、都市空間をよりよくするように「働きかけ」をする際に手がかりになるのも、用途、色彩、面積、高さといった都市を認識し働きかける枠組

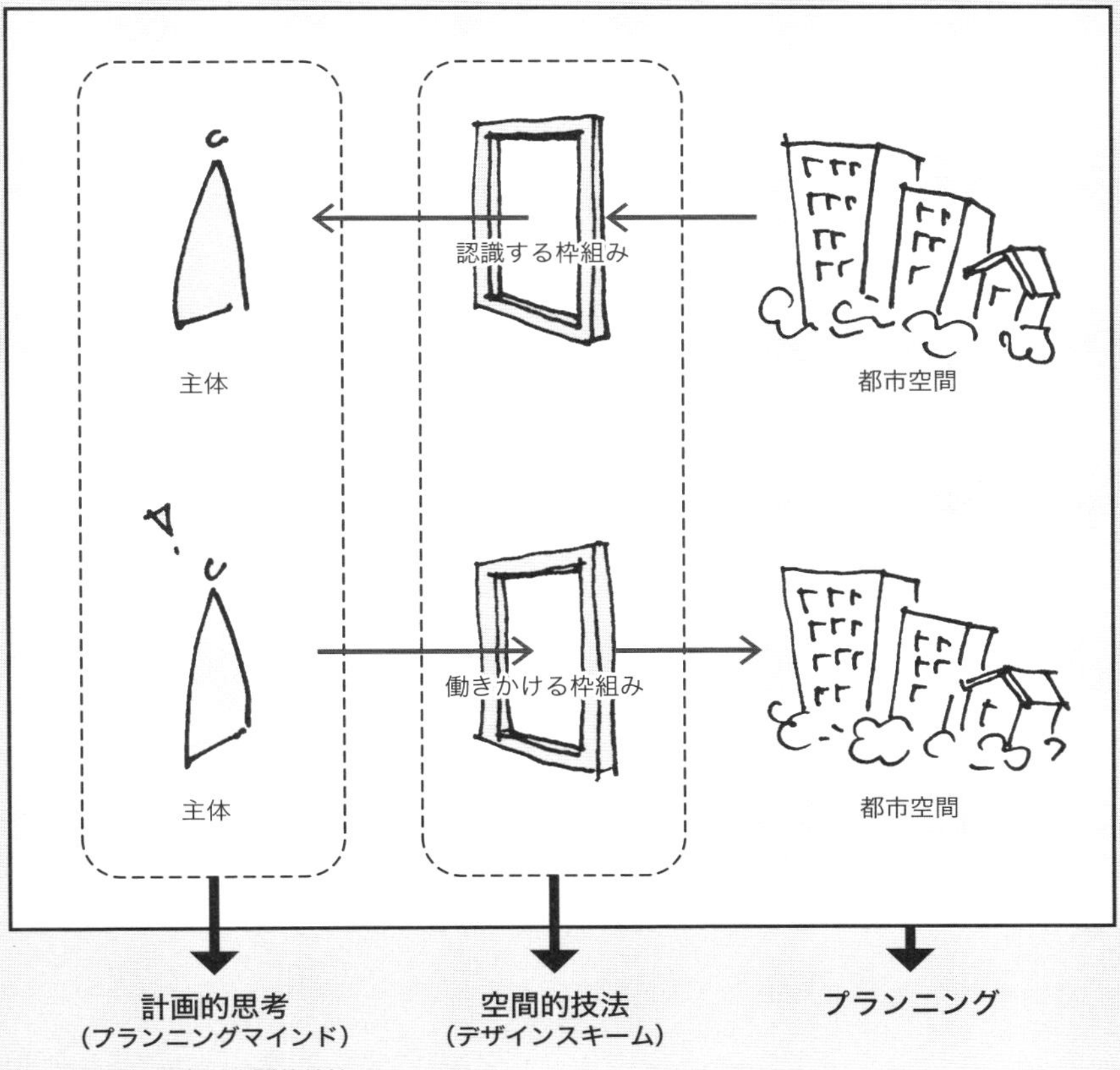

図1　計画的思考と空間的技法

みである。実際に都市空間のなにを操作することができるのか、都市空間を認識し、働きかけをする手がかりとなる枠組みを、ここでは「空間的技法（デザインスキーム）」と呼びたい。たとえば、用途を捉えようとするとき、ビルディングタイプから捉えるのか、人々のふるまいから把握するのか、認識と同時に働きかけの枠組みが手がかりとなる。

以上のような、主体と都市空間の相互関係の中で、主体の「計画的思考」により、「空間的技法」を用いて都市空間に働きかけをしようとする営みが「プランニング」であると整理した。

本書ではこのような視点から、都市のプランニングのあり方を検討していく。

【注】

＊1 「計画」について、饗庭はその著書の中で「内的な力による変化を、整えて捌くもの」としている（饗庭伸（2015）『都市をたたむ―人口減少時代をデザインする都市計画』花伝社）

＊2 「プランニング・マインド」について、惠谷・小浦らによる研究会による文化的景観のあり方を示す論考の中で、「〈地域らしさ〉を捉え、それを未来につなぐ地域のあり方として描いていく意思」であるとしている（文化的景観学検討会（2016）『文化的景観スタディーズ01　地域のみかた―文化的景観学のすすめ』奈良文化財研究所）

＊3 本来、スキームという用語の意味するところを辞書（桐原書店（1987）『Longman Dictionary of Contemporary English, New Edition』）で確認すると"a formal, official, or business plan"との説明がある。つまりスキームとは「計画」であることが示されている。実際、日本語で「スキーム」という用語が用いられるときは、広い意味では計画であることには違いないが、事業主体間の関係や、計画やデザインの実現手法を表すことが多い。そのため本書では、都市空間を認識する枠組みを手がかりに都市空間に働きかける手法を空間的技法（デザインスキーム）とした。

2・1

デザインスキーム——低成長期の都市を変える空間的技法

阿部大輔

「見えないデザイン」としての都市計画

一定の都市環境の形成が充足された現在、都市に住んでいることの意味や誇り、豊かさが改めて問われる時代になった。社会的にバランスの取れた都市や地区の再生は、地区内外のアクセシビリティや低廉住宅を整備、コミュニティの参加や協働を支援し地域のソーシャル・キャピタルを高める統合的なプログラムの構築など、より持続的な都市マネジメントとほぼ同意となりつつある。

都市計画は建築のように可視的ではない。「見えないデザイン」としての都市計画は、従来型の道路・インフラ計画主体の量的充足を主眼に置いたマスタープラン型事業スキームとは異なり、より身近な空間の改善を確実に実行し日常生活の質的な向上を志向し続ける「市民に近いツール」でありたい。つまり都市計画は、文化資源の活用や創造的人材の集積、小さな再生の積み重ねと面的な連鎖などによって、物的な都市空間のみならず都市の社会空間を改善していく空間的技法へとそのベクトルを変化させていく必要がある。

シビルミニマムとしての都市計画

都市計画法第二条は、「(略)……農林漁業との健全な調和を図りつつ、健康で文化的な都市生活及び機能的な都市活動を確保すべきこと並びにこのためには適正な制限のもとに土地の合的な利用が図られるべきこと」を都市計画の基本理念として定めている。条文の後段に記されているのがいわゆる土地利用計画であるが、ここで筆者の注意を引くのが前段の表現である。まず、農林漁業との健全な調和を視野に入れなければならないことを明記していること。この点は、いまだ都市計画が果たせていない(あるいは注力してこなかった)大きな課題のままである。次に、都市的(衛生的・文化的・機能的)な生活の質を「確保すべき」と表していること。この表現には、積極的に将来を展望するというよりはむしろ、やるべきことを過不足なく遂行するという禁欲的なニュアンスが滲む。つまり、わが国の都市計画の役割は、市民の最低限の都市生活を保障するという、古典的なシビルミニマムの実現であった。では、成熟時代の都市計画はこれからもシビルミニマムの志向に留まってよいのだろうか。そうではないと考える。

そもそも都市計画は、市場原理に委ねたままでは解決が容易ではない問題(例えは社会的弱者の包摂、ジェントリフィケーションやオーバーツーリズムへの対応)に応じることを第一義的役割とするものである。その一方で、地域資源の発掘を後押しし潜在的な魅力を引き出したり、新たな魅力を付与したりすることで、都市そのものの可能性を増大させていく役割も改めて認識されなければならない。その際、有効なツールとなるはずなのが、都市の将来のビジョンづくりとそれを踏まえた新たな形のプランニングではないだろうか。

漸進的プランニングへ

都市計画は「言葉（＝制度）」と「空間（＝物理的対象）」で将来を構想し、実現に向けた論理をつむいでいく営為である。都市計画の古典的教科書『都市計画』の著者、日笠端によれば、都市計画とは「都市というスケールの地域を対象とし、将来の目標に従って、経済的、社会的活動を安全に、快適に、能率的に遂行せしめるために、おのおの要求される空間を平面的、立体的に調整して、土地の利用と施設の配置と規模を想定し、これらを独自の論理によって組成し、その実現をはかる技術」(下線筆者)である。[*1] 古いテキストではあるが、この定義は都市計画が果たすべき役割について現在においても大いに議論を喚起させる。現代的な関心から、この定義に言及してみよう。

①都市というスケールの地域を対象：都市化が完了し成熟期を迎えた現在、計画単位としてどの程度のスケールを想定するべきか？

②将来の目標に従って：まずビジョンありき、は正しいか？　そもそも、将来の目標を立てることは可能か？　あるいは有効か？

③空間を平面的、立体的に調整：都市の社会空間的キャパシティをどのように把握していくか？

④土地の利用と施設の配置と規模を想定：すでに決定された土地利用や建設された施設をどのようにリ・デザインしていくか？

⑤独自の論理によって組成：科学的でより客観的な「論理性」を追求するのではなく、確固たる歴史的視座にもとづいて、どのような言葉と空間で未来の生活空間を語るのか？

都市計画は言葉と空間で過去から現在へのコンテクストを掘り出し、将来のビジョンを定め、「都市」という共同体に住まうわたしたちの対話を引き出す存在であるべきだ。都市を巡る対話は、当然ながら将来への眼差しを含む。都市を考えることは、都市の未来がどのようになるべきかというビジョンの構築から逃れることはできない。

一般的に自治体の都市マスタープランは、10～20年後の都市を想定して策定される。そこで示されるのは都市の将来的な目標像であり、それを実現するための基本方針である。つまり、将来都市のビジョンを最大の根拠に、マスタープランは各種政策へとそれを細かくブレークダウンされる論理構造を有している。もしビジョン構築に欠陥があったならば、末端に届く政策もまた、欠陥を含んだものとならざるを得ない。そうした限界から、わが国ではマスタープラン不要論が指摘されてから久しい。具体的には、「20年後／40年後を想定することはできるのか?」「ビジョンは必要か?」「眼前の問題が解かれたり、改善されたりするので十分ではないか?」といった問いかけがさまざまな機会において投げかけられてきた。

蓑原らが指摘するように、マスタープランの「抽象性」(実際の規制や各種施策に落とし込む際には何とでも読めるようになっている、縮尺のないダイアグラム的な抽象的な計画にとどまっている等)、そしてマスタープランの「不可逆性」(逆に過度に都市計画の機動的な変更を妨げる硬直的な計画となっている)の問題から、どの都市でも描かれるような政策ツールであるにもかかわらず、実質的には信頼を寄せられていない、という奇妙な状況が続いている。[*2]

諸外国の都市も例外ではない。そこで、こうした限界を克服すべく、各国でさまざまな試みが展開されてきた。欧州諸都市では、主に1980年代後半から「漸進的プランニング」という考え方が定着している。ビジョンを固定的に示すのではなく、地区ごと、時代ごとのコミュニティの現実に即して漸進的にプランニングを進めていく、という方法である。抽象的なプランではなく、建築単体の事業に留まることもない、中短期のスパンで実現されうる都市レベルの事業を盛り込むアプローチで、都市再生を図る。徹底しているのは、界隈レベルのニーズから開始することである。都市は局地的な課題が集積する総体なので、まずは界隈の抱える現実的な問題解決から着手し、一定の成果を収めてから都市全体との接続を考える、というのが基盤にある考え方である。

プロジェクトを束ねる「マスターコンセプト」という空間的技法

もちろんこれは、論理的にはやや曖昧な、折衷的アプローチであることは否めない。よい断片を重ねていけば、よい全体ができるというわけではないからである。例えば建築単体や機能単体でスポット的にベター／ベストな事業を積み重ねていったからといって、総和としての都市空間がベター／ベストなものとはならず、むしろ全体性の欠如によりちぐはぐな空間となって表出している例は、洋の東西を問わず多数存在している。すなわち、これからの都市に必要なのは、「部分が全体を構築する」ことによって創造される価値を示すビジョンづくりであると考えられる。またそれらを支える個々のプロジェクトは、サステイナブルな都市環境の実現が長らくの課題となってきた現代都市において、「統合的（integral）」・「包摂的（inclusive/equitable）」・「相互作用的（interactive）」であることが重要であり、そうした視点で都市政策を評価する機能も必要となる。

このベクトルの変化は、小さな再生の積み重ね事例として全国中で見いだすことができる。人口減少・財政困難・社会的格差増大期にある今後は、こうした小さな再生の連鎖こそが地域を再生していくという理解が徐々に浸透しつつある。一方でその実現のためには、新たなマスターコンセプトが不可欠となろう。多様な取り組みはそれが多様であるがゆえに方向性（ビジョン）を見失いやすい。官民問わず多様な主体が動かす計画や開発事業を束ね、ある程度の方向性を統合する、マスターコンセプト（あるいはプランより弾力性に富むスキーム）が求められている。静的で柔軟な対応が構造的に難しい従来のマスタープランではなく、対話を通した枠組みそのものの再検討の可能性も見据えながら、公共事業や民間開発、市民活動の調和を図りつつ、どのアクターも何らかの利潤を享受できるプラットフォームとしての機能を備えることが不可欠である。このマスターコンセプトを軸として、空間利用の相互調整と最適化を行うことが、持続可能な都市の空間構成を実現するための重要な視点となる。

マスターコンセプトという無理のないビジョンを共有することができれば、よい断片はよい全体を構築〝しうる〟、ともいえるだろう。

つくる都市から使いこなす都市へ：空間的技法の多義化

ところで、建築的・空間的に美しい都市空間も、それが人々に利用されたり、そこでさまざまな活動が生まれたりしていることで初めて場（place）として固有の価値を有することになる。本書で扱うさまざまな事例が示しているのは、そうした場を創造し、マネジメントするプロセスである。建築として設計された、あるいはすでに存在する「スペース／空間（space）」を、その利用を通して日常生活の場としての「プレイス／場」へと変えていく営為をプレイスメイキングという。言い換えれば、都市空間が市民の利用を通して固有の「場所性（sense of place／その場所らしさ）」を獲得すること、つまり、そこで生活する人間と空間の関係性を強化することである。

プランから戦略へ、戦略から戦術へ：タクティクス化する都市政策

通常、都市構造全体の再編や土地利用の漸進的な改善はその成果が実感できるようになるまでには長い

時間がかかる。一方で、界隈に暮らす人々にとって、都市計画の効用を実感することは容易ではない。近年では、まちかどレベルの身近な空間を実験的、暫定的に使いこなしながら、都市の構想へとつなげていくスモールアーバニズムの動きが盛んである。トップダウンでなくボトムアップ、マスタープランにもとづく構築的計画でなく、身近な点から散在的・連鎖的に空間を再生するプロジェクト型の計画が浸透しつつある。長期構想的な戦略（ストラテジー）から、日常生活における小さな実践にもとづく小さな変化の実感をわれわれの手にすることを念頭に置いた戦術的（タクティカル）な都市空間への参加の方法が、まちなかに魅力を取り戻しつつある。20世紀の都市がトップダウンで自動車中心社会や単一機能の市街地をつくり続けたのに対し、近年ではより身近な生活空間から「戦略的（＝ストラテジック）」に、そして「戦術的（＝タクティカル）」に都市を変えていく動きが生まれている。主にアメリカで展開されている、タクティカル・アーバニズムと呼ばれる運動である。[*3]

タクティカル・アーバニズムに厳密な定義があるわけではないが、すでに形成された都市空間を市民が自らの手で生活に必要な空間へと変えていくボトムアップ運動であると理解することができる。それはまちづくり運動のように長いスパンを視野に入れているというよりはむしろ、現場で俊敏に実践的に眼前の空間を変貌させ、日常の中にちょっとした気づきの空間をもたらすという、一種のアート・インスタレーションの効果も併せ持つ。計画や事業のように長期的視点や事業的視点を強く持つわけではないという点で戦略的ではなく、何気ない日常空間を敏速に変えて見せ、その後の都市のあり方に示唆を与える、という点で戦術的なのである。

かつてのシビルミニマムとしての都市計画を拡張する

都市は連続的な運動体であり、地域文化そのものであることを指す「アーバニズム」(urbanism【英】、urbanisme【仏】、urbanismo【西】)という言葉がある。日本語への訳出が難しいこの用語には、都市の計画デザイン的側面を明確化し、単なる専門領域としての都市計画を越えて、都市に生きる作法や文化を尊重しつつ、新たな息吹をもたらすことで都市生活そのものの質を改善し、都市を持続可能につくりあげていく様態が込められている。ラテン語で都市学を示すこの用語は、単純な物理的操作を超えた、都市やその文化に関わる営為を指し示す、極めて広い概念を有している。現代の都市に関わるプランニングの概念や手法、実践は、アーバニズムが持つ[-ｉｓｍ]の感覚を備えたい。

私たちは労働以外にどのような「存在理由」をもって都市を生きていくのだろう? 本格的な人口減少社会を迎えた今後、個々人の「生きがい」の発露と都市空間の再編は、分かちがたく結びついていく。都市計画で産み落とされる空間は、都市には多様な人々が住んでおり、多様性があるからこそ都市なのだ、というリアリティを感じさせる場所となって初めて、わたしたち市民の手に渡る。経済的側面だけでなく、都市の環境的、社会文化的なポテンシャルを高めることに都市計画は寄与すべきだし、これからも存在意義はそこにしかない。

【注】

＊1　日笠端(１９７７)『都市計画』共立出版

＊2　蓑原敬ほか(２０１４)『白熱講義　これからの日本に都市計画は必要ですか』学芸出版社

＊3　阿部大輔(２０１８)スモールアーバニズム『アーバンデザイン講座』(前田英寿ほか著)、彰国社

2・2 プランニングマインド——都市全体を見つめる計画的思考

杉崎和久

都市の未来を描く多様な主体の登場

都市計画法（旧法）が制定されて100年、現行都市計画法は50年になる。法定都市計画は、骨格的な都市基盤を整備、土地利用をコントロールすることを通して、日本の都市空間を近代化させることに貢献してきた。一方で、都市空間の将来の姿を描くことは、行政の役割と考えられ、市民にとって縁遠いことになったとも言える。

1968年に制定された現行の都市計画法で定められた決定の手続き（図1）では、公聴会等の開催や公告・縦覧などの市民参加のプロセスが位置づけられた。その後、1980年に地区計画制度、1992年に市町村都市計画マスタープラン、さらに地区計画の申し出制度や都市計画提案制度が創設され、発意する機会が開かれた。また、自治体の条例により、市民参加の機会を付加することが可能になるなど、早い段階（上流）から市民が関与する機会が開かれていった。

一方で「まちづくり」という言葉は、1960年代より法定都市計画への対抗概念として用いられることが多くなったとされている。生活者からの視点や地域性を重視する価値観を提起し、さらに地域住民がまちなみ保存や環境改善に向けた活動、公園やコミュニティセンターなど身近な公共空間・施設の管理・

運営を行う活動が各地で展開されるようになる。このような活動は、常に都市で発生する新たな課題を顕在化させる役割も果たしている。顕在化された新たな地域課題を後追いするかたちで法律・制度が整備されることもある。

都市では、市街地再開発事業や土地区画整理事業などの事業手法により従前から大きく変化した新しい空間がつくられることもあるが、すでにある建物ストックや低未利用地から生まれる小さな活動が積み重なり、その集積が新たな価値を生み出していくこともある。例えば、東京では下北沢や原宿、大阪ではアメリカ村や中崎町などのまちの成り立ちがこれに該当する。非計画的に形成された既成市街地では、まちの小さな隙間から小さな活動が生み出されていく。個性的なカフェ、雑貨店、飲食店、ギャラリーといった拠点、隙間を利用したマーケット（図2）などのイベントが次なる担い手を惹きつけ、その担い手が新たに個性豊かな拠点や活動を生み出していく。そういった動きがメディアなどを通じて発信され、新たなまちの価値（個性）として認知されていく。また、このような展開には、1章で紹介した京都市**［五条界隈］**のようにリノベーションされたビルやカフェなどの個性的な拠点がイベントなどを通じて連鎖していく事例、大阪市**［北加賀屋］**のように多くの土地を所有する企業がエリア内に複数の拠点や活動を展開していく事例、長野市**［善光寺門前］**のように地元不動産関係者がエリアの内の空き家などを活用し、戦略的に小さな活動を埋め込んでいく事例などがあり、結果的にエリア全体の価値を高めている。このような「地域に想いのある場所が生まれ、一つ、また一つと魅力的な場所が増えていき、いつしか点と点から面につながり、そのエリア全体の

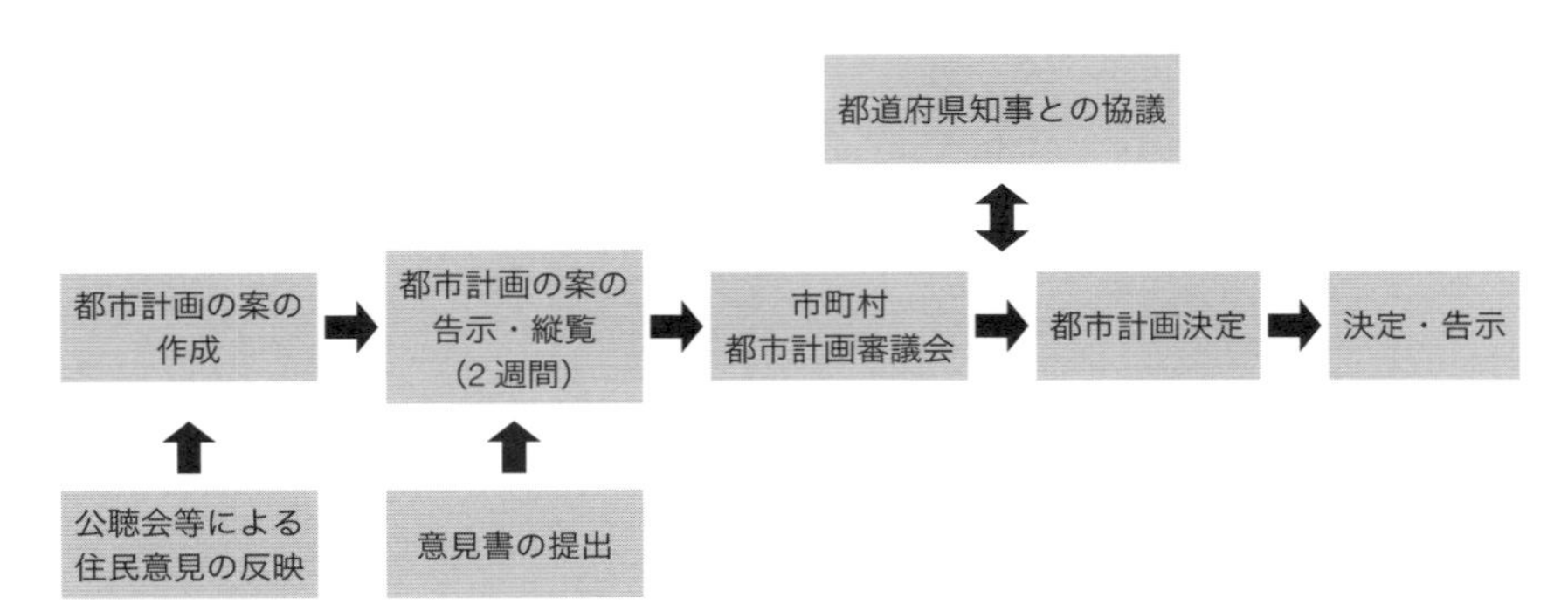

図1　都市計画決定のプロセス（市町村決定）

価値がつくられ、上がっていくこと」をエリアリノベーションと称するようになった。[*1]

これまでもそうしたエリア単位の価値づくりは存在しており、いわゆる商店街活動などがこれにあたるのは商業者の相互扶助が目的ではあるが、特定のエリアに根ざして活動し、エリアの将来を構想し、エリアの価値を高める活動を実践してきた。しかし小さな活動から連鎖してまちの価値を生み出す活動との違いは、その主体の形態にある。商店街活動が組織的な活動であることに対して、彼らは個々に独立した主体であり、そのネットワーク自体はふるまいを強制しない小さな主体による活動である。つまり、自ら都市の将来を描き、行動する主体が登場した。

部分だけでなく全体を見る：計画的思考の必要性

都市の将来像であるマスタープランをつくる、法定都市計画では、将来像にもとづいた個別の都市計画事業や土地利用規制を通じて、具体的な都市空間が形成される。これに対して、エリアリノベーションに代表される「小さな活動が連鎖し、エリアに新しい価値を生み出す活動」において将来像は存在するのだろうか。

一見すると、個別の活動が偶発的に連鎖していくように見える事例においても、立地条件や歴史・文化などの地域特性、不動産市場の動向を踏まえたマーケティング的発想が背景にあることもある。先述した**［五条界隈］［北加賀屋］［善光寺門前］**に加えて、**［奈良町］**では、継承された歴史や文化、それらを踏まえたまちづくり活動等の蓄積を踏まえて、さらにエリア内での立地条件の特徴を踏まえて、小さな活動が積み重なって

図２　まちの隙間を埋める活動（五条のきさき市）

いる。そして、これらの多くが自分なりの都市や社会のあるべき姿を描き、活動を通じて、目に見える発信している。さらに、その姿に共感した主体が、連鎖して次の活動主体となり、結果的にまちが変化する。このような個別の想いが都市を変化させていくプロセスについて、山崎ら[*2]は、都市空間をつくる主体に着目し、「個人のビジョンがあり、それを都市の中でできる範囲で更新することにより、都市空間を変化させ、そのプロセスを通じて、社会性や公共性を獲得する。そのビジョンを開いていくことにより、共感を経て、より社会的な価値を帯びている」と整理している。自分たちのまちを楽しくしたい、面白くしたい。この……したいという小さな活動の担い手の思いは、個人による都市全体あるいは社会を俯瞰した将来のビジョン、つまり計画的思考ということができるだろう。個々の主体が、まちを読み解き、将来の姿（価値）を創造し、自らの活動（実践）を通じて表現していくことで、まちの表情が変化してくる。ここでの将来の姿とは、必ずしも具体性や詳細性はなく、また網羅性や包括性も必要なく、さらに目指すべき空間が描かれている必要もない。唯一、そのまちで生活している人たちの暮らし方がイメージできることが重要である。また、そのイメージは固定的ではなく、漸進的に変化していく。

　これからの都市は「〈地域らしさ〉をとらえ、それを未来につなぐ地域のあり方を描いていく意思[*3]」であるプランニングマインドを持った主体が、まちの価値を高める活動を担っていく。マスタープランが、一定の手続き（合意形成プロセス）を経て地域で共有されたビジョンとするならば、計画的思考を持った人たちが描く、共感を経てやわらかく変化するまちへの思いを、都市計画はどう受け止めればいいだろうか。

【注】

*1 ソトコトＨＰ https://www.sotokoto.net/jp/latest/?ym=201708（２０１８年９月25日閲覧）

*2 山崎義人・式王美子（２０１１）個人への想いを都市へつなぐ『いま、都市をつくる仕事』(日本都市計画学会関西支部 次世代の「都市をつくる仕事」研究会編）学芸出版社、pp.166-172

*3 文化的景観学検討会編(２０１６)『文化的景観スタディーズ　地域のみかた—文化的景観学のすすめ』奈良文化財研究所、p.48

【参考文献】

・日笠端・日端康雄（１９７７）『都市計画』１９７７年初版、共立出版

3
章

小さな空間から
都市を
プランニングする

小さな空間の価値を大きな都市につなげる10の方法

佐久間康富

人口減少や低成長、加速する技術の進展などにより、都市の未来を描くことがますます難しくなっているなか、プレイスメイキングやリノベーションまちづくりなど、個別の小さな空間をつくり変えることで新たな価値を生み出す実践は十分に成果を上げている。本書では、こうした状況に対して、どのように小さな空間の価値を大きな都市へつなげていけばよいか、どのような方法で小さな空間の実践の先に都市の全体像を描くことができるのか、という問いに向き合ってきた。小さな空間を中心とする実践に着目して、いくつかの魅力的な事例をとらえてきた。そのなかで、明らかになったのは小さな空間とその周辺との関係、その結果描かれる都市全体のあり方である。

小さな空間とその周辺との関係については、小さな空間に働きかけることでその周辺にまで効果が発現するようなツボを探すこと（方法①）、小さな空間を連帯させて都市全体を描くこと（方法②）、小さな空間を切り取ることで引かれた線の外側への効果を意識すること（方法③）がポイントとなる。小さな空間にとどまらずその周辺への影響を配慮し、それを連帯させることで、小さな空間の価値を大きな都市へつなげていくことができる。

そしてこの小さな空間とその周辺の関係は、時間軸上でも展開できる。小さな空間で可能になるテンポラルな実践を重ねて長期的な将来像を描くこと（方法④）、空間の履歴を読み取り価値を顕在化させること（方法⑤）、都市の魅力は時間をかけて獲得する価値が重要であること（方法⑥）である。未来を描くことが難しい時代にあって、空間の履歴に配慮し、小さな空間で可能になる実践を重ねることで、時間をかけて獲得される価値が顕在化し、長期的な将来像を描くことができる。こうした方法が都市全体への広がりのポイントとなる。

さらに、こうした小さな空間への働きかけによって都市全体をかたちづくろうとする際には、多主体が関わり続けるプロセス自体を目的にし（方法⑦）、プランニングの重要な担い手である行政の役割を変化させること（方法⑧）がポイントになる。その結果、都市全体のあり方について、決定しないままの事物を残しつつ事業を始め、継続的に多主体の関わりや利害を考え続けることで多様性を持つ都市につなげること（方法⑨）、空間は都市と人の関係をつくる場所であり、まちに対する期待を高めること（方法⑩）が重要であると指摘している。

小さな空間での実践が先行する時代にあっても、都市の全体像や未来を描くことはできる。周辺や空間の履歴に配慮し、周辺への関わりを開き、テンポラルな実践を重ね、時間をかけて獲得される価値を顕在化することで、小さな空間の価値を大きな都市へつなげていく方法を明らかにした。これらを通じて、都市の未来に期待を寄せ、生き生きといまを生きる人々のための都市を共有することができるのではないか。

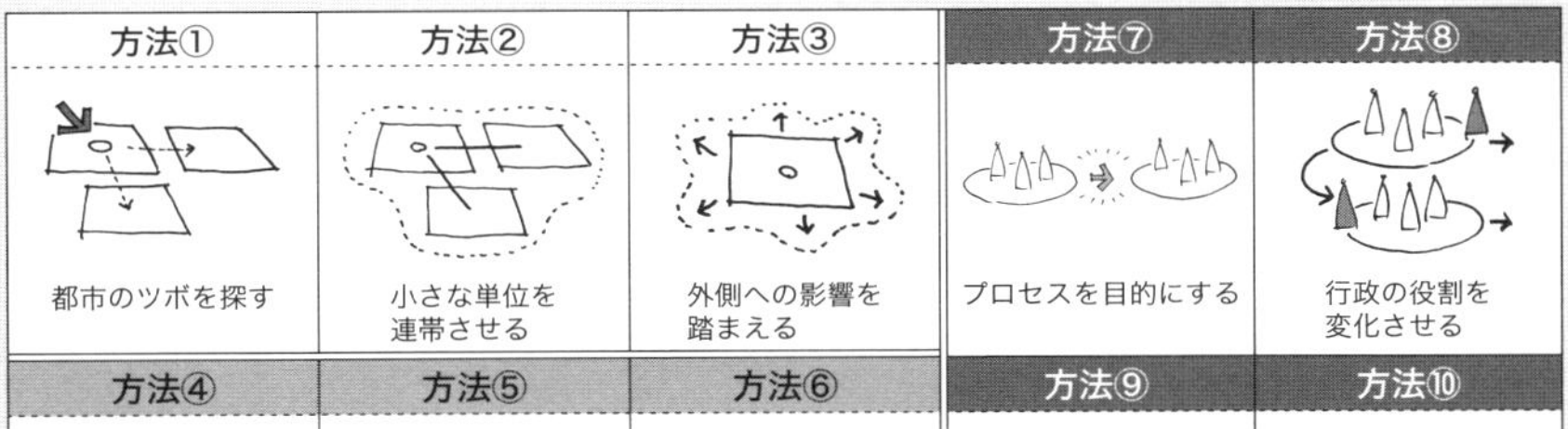

方法①
都市のツボを探す
方法②
小さな単位を
連帯させる
方法③
外側への影響を
踏まえる
方法⑦
プロセスを目的にする
方法⑧
行政の役割を
変化させる
方法④
テンポラルな
実践を重ねる
方法⑤
計画を
リノベーションする
方法⑥
時間をかけて育てる
方法⑨
多様性を持つ都市に
つなげる
方法⑩
まちに対する
期待を高める

図1　小さな空間・単位からその周辺、都市全体へ広げる手法

3・1 小さな空間を連帯させて都市の効果を高める

①都市の「ツボ」を探す

阿部大輔

まちの「ひずみ」

1980年代以降、世界各国で展開された都市再生運動は、近代都市が結果的に産み落としたさまざまな「ひずみ」を都市の遺産・資源と捉え、現代都市としての新たな魅力として再生するかに腐心してきた。*1「ひずみ」とは何か？　例えば道路整備優先の空間政策の結果失われてしまった水辺空間、明確な政策的対応がなされないまま密集化（およびその後の空洞化）が進んだ歴史的市街地、単機能ゾーニングによってもたらされた単調な都市空間、駐車場化した広場空間、疲弊した郊外の住宅団地、産業の斜陽ならびに構造の変化によって出現した大規模工場跡地などがそれに相当する。

都市の「ツボ」をさがす

近代都市計画が犯してきたさまざまな「ひずみ」は、現在でもなお、都市空間の至る所に刻印されている。そして、そうした負の遺産としての「ひずみ」を現代の要請と将来予測にもとづきながら蘇生していくこともまた、都市計画に課せられた使命である。

都市の鍼治療という言葉がある。都市再生の成功事例として名高いクリチバ（ブラジル）の元市長**ジャイメ・レルネル**[用語1]が用いるメタファーだ。暴力的な都市計画や政策的空白が、さまざまな都市の中心市街地

用語1　ジャイメ・レルネル
1937年生まれ。1965年のクリチバ市都市計画マスタープラン策定の中心的役割を担う。1971年に33歳でクリチバ市長に選出され、断続的に3期に渡って市制を牽引。ブラジルの無名の地方都市を「人間のための都市」として世界に知らしめた。

や郊外部の環境を悪化させてきたが、凝り固まった市街地環境を「ほぐす」べく、都市内の重要な箇所（＝点）に介入し、あたかも血流がよくなるかのように、その「点」の効用がじわじわと周辺に波及していく建築的／都市計画的戦略を、人間の鍼治療にたとえたものだ。*2

都市において、鍼を打つべき「ツボ」は、治療点（改善すべき場所）であると同時に、反応点（症状が現れる点）でもある。鍼治療のためには、なによりもまず、正確な《「ツボ」の発見》と《その効果を波及させていく戦略》が欠かせない。都市再生のツボは、先述した「ひずみ」の中に見出すことができるのではないか。例えば、大津市の**[なぎさのテラス]**は、都市の裏側と化していた公園を再生に向けた新たな拠点として位置づけ、空間の持つ本来のポテンシャルを引き出した好例だ。松山市の**[みんなのひろば]**は、商店街裏側の空閑地に新たなプログラムを織り込み、空間を場所へと転じようとする試みである。**[KIITO]**は、神戸市ならではの由来を伝えるものの活用方策が講じられてこなかった建築の意味や文脈をうまく転換し、創作活動の拠点として再生を図るとともに、従来不足気味であった市街地から海岸への動線を呼び込もうとしている。いずれも「点」のみの介入に終わらず、その効果を周辺に及ぼすべく、より面的な視点を有している点が特徴的である。換言すれば、住環境のうち、「図」としての建造物だけでなく、「地」としての公共空間を改良し、さらにその領域を広げていく、というアプローチである。公共空間が市民のための空間へと徐々に、けれど劇的に変わっていくことは、市民自身が具体的な再生を実感する、ということでもある。再生の実感は、やがて市の都市政策への信頼へとつながっていく。こうした好循環をもたらす戦略を考えたい。

「ツボ押し」は、用途別ゾーニングに代表される伝統的手法の限界に対するオルタナティブの提示であると理解できる。ゾーニングのような静的で厳格なツールから、地区の文脈を踏まえた事業ベース、場所ベースの動的な柔軟なツールへの脱却が求められている。全国で挑戦的な取組みが展開されているリノベーションまちづくりやプレイスメイキング等の試みは、そうした価値転換の一端を示している。

空間の連帯により、まちに「しぶとさ」をもたらす

都市計画は地域の潜在的な力を引き出すことで都市そのものの可能性を増大させ、既存の都市環境をより一層快適にするための装置である。長らくの間、土地の経済的ポテンシャルの最大化に注力してきた都市計画であるが、人口減少・財政困難期・社会的格差増大期にある今後は、その姿を大きくシフトしていかなければならないと思われる。なぜなら、都市間の経済競争といった側面だけでなく、環境を次代に引き継ぎ、社会的弱者を包み込むような都市の「包容力」を備えていくこと、すなわち都市のレジリエンス（回復力／しなやかな強さ）が問われる時代に、すでにわたしたちは突入しているからだ。

「ひずみ」の中に都市再生の「ツボ」を見出し、都市内の人や経済の流れを改善していくことは、都市計画が担うべき役割に違いない。都市の脆弱点でもある「ひずみ」の価値を反転し、将来的に都市の魅力を担うポテンシャルを育てていくことは、都市のレジリエンスを向上することでもある。

ＯＥＣＤによる報告書では、レジリエントな都市を「持続可能な成長、幸福度、包括的成長を確保するために、ショックを吸収し、新しい情況に適応し、自身を変革し、将来のストレスやショックに備える能力を有する都市」と定義した。[*3] 従来の市場対立型の規制的都市計画あるいは市場融和型の緩和型都市計画から、プレーヤーの反応を読み込んだ市場調和型の戦略的都市計画へと、その姿を最適化して行く必要は自明である。とはいえ、都市計画は単なる経済成長のモーターではない。都市構造を再編することで都市生活をより生き生きとさせたり、公共空間を新たに生み出したり、それらをつないだりすることで人の流

れを大きく変える存在であったりする。都市に住まう人々のＱＯＬを大きく改善するというミッションを改めて議論の俎上に載せるべきだが、量的充足を達成した現在、都市計画は全市民を対象に質的充足を達成する際に不可欠な社会技術として再布置される必要がある。

一方、現在、「リノベーションまちづくり」に典型的に見られるように、さまざまな都市において「まちかど」レベルでの小さな再生の取組みが数多く展開され、まちの維持再生に希望を灯しはじめた。本書で取り上げた［**コトブキ荘**］や［**善光寺門前**］、［**まちなか防災空地**］は、まちの「ツボ」がまち内外の人々によって発見されていることを示唆している。説得力のある空間は、個人経営の小規模な店舗を中心に、多様なテナントの新陳代謝や小さな再生の連鎖がまちの活力を支えていくという理解を徐々に浸透させつつある。そして、まちに関わりたい人は年々増えている。まちは確実に自己実現の場となりつつある。都市計画はそうした流れと無関係であるべきではなく、地域のまちづくりの動きに相乗効果や波及効果を生むような戦略性を備えることが不可欠である。

都市のツボへの介入は、社会的・地理的に不利なエリア、つまり一見すると特筆すべき歴史的・文化的価値を有さないような地域が有する潜在的な価値をつかみ取り、顕在化させ、新たな場として既存の空間と連帯させる新たなプランニングの方法である。

【注】

＊1 東京大学 cSUR－SSD 研究会編（２００７）『世界のＳＳＤ１００　都市持続再生のツボ』彰国社

＊2 ジャイメ・レルネル著、中村ひとし・服部圭郎共訳（２００５）『都市の鍼治療　元クリチバ市長の都市再生術』丸善

＊3 OECD, *Resilient Cities [Preliminary version]*, OECD, 2016

3・1小さな空間を連帯させて都市の効果を高める

②空間を地域に開く

佐久間康富

まだらに変容する都市空間

『空き家の「増加」には偏りが見られないが、空き家の「減少」には偏りが見られる』

これは平田らによる和歌山県紀美野町の空き家動態の悉皆調査に関する研究報告で示されている結論の一つである。平田らは課題先進地域として和歌山県紀美野町を取り上げ、２００８年より3カ年ごとに空き家の悉皆調査を行ってきている[*1]。新規に増加した空き家の分布は全町的に偏りなく発生しているにもかかわらず、再居住された元空き家、建替えられた元空き家は、小中学校や郵便局のある場所に集約され、幹線道路沿いに立地している傾向が報告されている。空き家の「増加」には偏りが見られないが、空き家の「減少」には偏りがあることが示されている。

これは人口減少期における空間特性を端的に表している。

人口が増える時代は、都市施設に依存して住宅や事業所が立地する。道路や鉄道、公園といった都市施設によってかたちづくられる都市の骨格に呼応して、一つひとつの空間を生成する動機が喚起され、個々の建設行為が展開し、都市の全体像がかたちづくられていく。逆にいえば、個々の建設行為は都市の骨格を構成する都市施設に依存する。そのため、どのような都市の全体像になるのかを事前に確定し、これから建設行為を企図しようとしている人たちのあいだで共有しておく必要がある。都市計画に「事前確定」

が求められてきた背景の一つである。

一方で、人口が減少する時代は、空間に対する働きかけの動機は個々の生活者、個々の土地・家屋の所有者の意向や事情に依存する。空き家が発生する背景は、都市の骨格に依存するのではなく、個々の生活者の転居、施設への入居、死亡等による。空き家を相続した子世帯は転居等により、生活の拠点となる住まいが別にあるため、空き家の「活用」、老朽化を防ぐ適正「管理」、老朽化した空き家の「除却」といった空き家へ働きかけをする動機がなく、結果として放置される。[*2] 利活用の方針がなければ適正管理されることもなく、時間の経過とともに空き家はさらに老朽化し利活用が難しくなっていくのである。このように空き家の発生は、個々の生活者、土地・家屋の所有者の事情に依存するのである。

個々の生活者、土地・家屋の所有者への働きかけ

空き家の「減少」、つまり空き家の利活用も立地状況に一定程度依存するが、利活用を進める上でも所有者への働きかけが鍵を握る。

高知県梼原町は、空き家改修促進事業といういわば行政によるサブリースの取組みで実績を上げている。空き家所有者から町が10年間（２０１６年からは12年間）の契約で借り上げ、トイレ、風呂、台所といった水回りを中心に改修を行う。改修は、国の補助が総事業費の50％、県の補助が25％、残りの25％を町の事業によって実施されるが、この町負担分は入居者の月１・５万円の家賃で回収するため、実質的な町負担はない。梼原町では２０１３年度から２０１７年度まで、42棟の改修が行われ、１０９人の移住希望者を受け入れている（そのほか、お試し滞在住宅、移住定住促進住宅、町営住宅、持ち家住宅等を含めて、合計１７０人の移住者受け入れの実績がある）。そして近年では、改修物件を見た近隣住民、空き家所有者

が「あのようにしてくれるのなら、うちもやってほしい」と改修の申し出があり、2017年度からの2カ年の物件はすべて空き家所有者からの申し出による。空き家改修促進事業は、改修の実績だけでなく、空き家所有者の利活用への動機を促したという質的変化に意義がある。

本書でも取り上げた**［丹波篠山］**の取組みでも同様である。丹波篠山において空き家活用の取組みが広がった背景には、地域ビジョンの事前の共有、実践がかたちづくる地域ビジョンがあったことも一因であるが、「集落丸山」というパイロットプロジェクトが具現化していたことで、後に続く空き家所有者らが「集落丸山のようになるのであれば」と空き家所有者の動機に働きかけることになり、空き家活用の広がりを生んだといえる。

以上のように、人口減少期には、都市施設がかたちづくる都市全体の構造よりも、個々の生活者、所有者への働きかけが、空間改変の契機になっているといえる。

では、「計画する」立場では、こうした変化をどのように考えていけばよいのか。

ここでは空間改変の動機を持つ個々の取組みを集めて地域全体の価値を描くこと、つまり、「プランニング」することについて考えたい。

可変的な土地利用で機能を担保する：断片を集めてつなぐ

都市全体の構造に依拠する空間改変の力が相対的に後退し、個々人の事情、当事者としての役割が重視されつつある現在、空間改変の動機は、個々の生活者、所有者の発想から始まる実現可能な小さな断片に依拠せざるを得ない。小さな断片である個々人の営みをつなぎ合わせて、地域全体の価値、都市空間のあり方の方向性を描いていくアプローチである。

本書で取り上げた神戸市の［まちなか防災空地］の事例では、個々の所有者への働きかけによって、地域にとってみれば断片となるような小さな面積の空地が生み出されている。それらの数が一定程度以上になることで、地域の中における空地の割合が増し、地域全体の防災性が向上することが期待されている。事業の委託を3～5年に区切ることで所有者の意思決定を促し、高い実効性を確保する。その結果、防災性に課題のある物件が空地に置き換わる。所有者に返還されたあとで別の建築物が建つ可能性もあるが、当初の建築物ではなく耐火性能の高い建物が建ち、結果として地域全体の防災性が向上することが期待されている。また、協定にはまちづくり協議会など地域を代表する主体が加わり、運営管理も含め地域の施設として位置づけられている。それぞれの空地は短期的に発生し、建築行為が行われ、常に変容する可能性を包含しながらも、一定期間存在することで地域全体の環境の向上が期待できる。これまでは都市の中の施設は、恒久的な役割を発揮することが期待されてきたが、個々の断片は常に変容し続けながら地域全体である一定の状態を保ち続けるような動的な施設としての役割を見て取ることができる。

閉じないリノベーション：断片を地域に開く

また、小さな断片を一つひとつ地域社会に開いていくことで、地域全体の価値への働きかけが期待できる。本書で取り上げられている長野市［善光寺門前］のKANEMATSUプロジェクトでは、「ビニールの金松」の所有者との契約に際して、まちのお祭りや清掃活動に積極的に参加することが記され、プロジェクト始動後は、フリーマーケットや演奏会、幻のパンの復刻企画など多くの活動が展開するだけでなく、プロジェクトの主体であった有限責任事業組合・ボンクラによるボンクラ感謝祭が毎年開催され続けた。さらに、「平成の武井神社御柱絵馬奉納プロジェクト」では、平成の絵馬の寄進をきっかけに、当初のリーダー世代ではなく、その一つ下の50代くらいの世代によって、かつてあった神輿会が結成されるに至った。きっかけはKANEMATSUプロジェクトという一つのリノベーションであったが、地域社会との関わりが周到にデザイン・実践され、それを受け止める地域社会の人たちの行動も促し、地域全体の価値向上に働きかけたといえる。

こうした断片と全体の関係は、時間軸に乗せても展開可能である。描くべき全体像を明らかにすることも難しいが、個々の断片が続いていくことで描かれる将来像を見通すことも難しい。空き家の課題で触れたように、個々の住み手、所有者の意思決定が先送りされれば、空き家は利活用されず、地域の良好なストックにはならずに、荒廃していく。そうした状況を打開していくのも、小さな断片ではないか。永続的なプロジェクトを想定すると現時点での意思決定は難しいことが多いが、プロジェクトの対象期間を意思決定可能な時限に区切ることは、先の見えない時代の意思決定を可能にしてくれる。

［丹波篠山］の事例では、集落住民が運営する空き古民家を改修した宿泊施設が、丹波篠山市に広がるリノベーション物件の端緒となった。宿泊施設の運営に携わる集落住民へのインタビューでは、「10年という年限を区切ることでプロジェクトを始めることができた」という声を聞くことができた。未来永劫、集落の生活と両立させながらプロジェクトを進める決断はできないが、10年という見通しの立つ年限を区切ることで、やってみようという決断を可能にした。時限を区切った意思決定により、次世代に住まいや地域のストックを継承し、その可能性をいわば積極的に先送りする。いまの世代が継承の可能性を広げ、次の世代に託す。現在の意思決定は現在の社会状況が前提になっているが、将来はその前提が変わり、異なる選択肢が出てくるかもしれない。こうした将来の可能性に向けて、途中でバトンがこぼれ落ちることもあるかもしれないが、丁寧に断片をつないでバトンを渡していく。一つひとつのプロジェクトの意思決定が

支援されれば、先の見えない時代においても持続可能な空間改変の力を喚起することができるのではないだろうか。

まだらに変容する都市空間に対して

冒頭、『空き家の「増加」には偏りが見られないが、空き家の「減少」には偏りが見られる』と示したように、人口減少時代の都市のあり方は、個々の住み手、所有者の事情に依存して、まだらに変容していく。リノベーションまちづくりに見るような利活用の取組みやその契機も、個々の住み手、所有者の動機に働きかけることが鍵になる。

こうした時代に全体を描き、遠い将来を見通すことは難しい。しかし、個々の住み手、所有者が意思決定できる空間を拾い集め、また個々の住み手、所有者が意思決定できる範囲の時間軸のプロジェクトの断片をつないでいくことで、地域全体の価値、地域の持続性を担保していくような都市空間が描かれる。かつて**吉阪隆正**[用語1]が「不連続統一体」[*3]として示したような、不連続な断片に切り分けながら全体をかたちづくろうとするまなざしに立ち返ることができる。大きな絵を描くことは難しいが、あいまいとした状況のなかからつかみ取れる言葉を取り出し、その言葉を尽くして物を語ることで、地域の状況、将来像を描くことができるのではないか。

用語1　吉阪隆正
1917年生まれ。早稲田大学で教鞭をとる。渡仏し、近代建築の巨匠、ル・コルビュジエに師事する。建築作品にとどまらず多くの著作、都市・地域計画を手がけ、「有形学」「不連続統一体」など独自の世界観を示した。

【注】
＊1　平田隆行・竹中匠（2015）中山間地域における6年間の空き家動態：和歌山・紀美野町における空家悉皆調査より『日本建築学会学術講演梗概集（農村計画）』pp.113-116
＊2　所有者にとっては思い出もある住まいのため、他人に貸すことは簡単ではない。むしろ、「移住者の振る舞いでご近所に迷惑をか

けたくない」、「金に困っているとは思われたくない」といった地域社会への気遣いから、空き家の活用には心理的ハードルがある。

＊3 吉阪隆正は「不連続統一体」という用語について、「自然界の現象は無限小から無限大まで連続している。（略）人間がこれを観察したり感じたりする時には全部を区別できないので、不連続なものとして扱った方が理解し易い。しかしまた勝手にバラバラに分割してしまえば混沌とした迷いの世に戻ってしまうので、その切り方に一定の秩序が欲しくなる。この所の人間の精神活動『不連続体に切りながらも、それらに統一性を与えようとすることをDISCONTと称している』」と示している（吉阪隆正（1975）特集：発見的方法、吉阪研究室の哲学と手法その1『都市住宅』8月号、鹿島出版会）。

3・1 小さな空間を連帯させて都市の効果を高める

③エリアの外側への影響を踏まえる

阿部大輔

計画論の変化

都市計画法はその目的を「都市計画の内容及びその決定手続、都市計画制限、都市計画事業その他都市計画に関し必要な事項を定めることにより、都市の健全な発展と秩序ある整備を図り、もつて国土の均衡ある発展と公共の福祉の増進に寄与する」ことに設定している（都市計画法第1条）。経済学的な観点から見れば、都市計画とは都市に立地するさまざまな土地利用活動が集合することの弊害を取り除き、集積効果を高めるように、外部経済性をコントロールする都市マネジメントの一手段、ということができよう。

しかし、社会情勢の急速な変化に伴い、都市問題が多様化・複雑化するなかで、「均衡ある発展と公共の福祉の増進」の調整を図ったり、外部経済性をコントロールしたりするのに適切な計画手法は、いぜん明示的ではない。都市計画の伝統的体系である市町村レベルの都市計画マスタープランにおいて未来を単純に描けなくなってしまった、というよりはむしろ、将来ビジョンをつくることはそもそも適切か？　そして、そのビジョンは明示できるのか？　といった根本的な考え方に疑念が提示されてきた。15〜20年先の将来像を描いたとしても、予測が困難な社会情勢の変化により、どこかの段階でその像は時代遅れとなり、都市活動を将来的に導くプラットフォームとしての役割をほぼ失ってしまう。こうした限界に鑑み、2章では、マスタープランからマスターコンセプトへの移行との表現で、固定的将来像の明示から状態依存型であるもののゆるやかに共有できる都市のありよう（＝コンセプト）をつくる可能性ならびに重要性を指摘した。

計画手段の点から見ると、区域区分、用途地域、地区計画といった都市計画制限ならびに都市施設（道路、公園）、開発（都市再開発、区画整理）といった都市計画事業が伝統的な実現手法である。区域区分はまさに「線引き」であり、用途地域は地域をゾーンに分割し、地区計画も対象を明確に定める。いずれも明確にエリアを定めるツールである。近代都市計画における土地利用規制の根拠は、負の外部経済性を未然に防ぐために近隣に迷惑をかける可能性のある用途を排除する、という発想に立っている。せっかく線を引いているのに、線の中に込められた意図は積極的、能動的に空間を形成していくニュアンスは弱く、法の範囲内で判断が容易な異質なものを排除することに主眼を置いた、規制メインのエリアになっている。

また、規制は「許可か不許可か」という０－１型の典型的な形式を脱皮できていない。思考停止の二分法は、せっかく都市に次々と息吹く活動の目を刈り取ることになりかねない。０－１型ではなく、［0,1］型、つまり性能規定（外形基準で判断せず、その性能で立地規制を行う）や条件付き許可（特定の条件を満たす範囲内での許可。業態規制にも踏み込む）、市場活用型規制（外部不経済分を徴収する仕組みを導入し、個々の活動が社会全体としての最適な都市空間構築につながるようにする）、といった柔軟さを持ち込んでいく必要がある。*1

線は引かれる

とりわけ、「線を引く」という行為は、都市計画が逃れられない技術的宿命である。都市計画の基本ツールであるゾーニングは、都市のあるべき姿を実現するために用途に応じて線を引き、部分に分割していく手法をとる。また、重点地区という言葉が示すように、エリアを限定することで高い戦略性を付与し、財源を集中投資する方法は、古くから一般的である。線に囲われた「内側」にあらゆる計画意図を込める一見合理的でシンプルな手法は、一方で結果として、その「外側」を生み出すことにもなる。1章の**［五条界隈］**は、京都駅前の再開発や旧市街地に相当する田の字地区の狭間に隠れるかたちで、明確な都市計画的位置づけを得てこなかった、いわば計画空白エリアであった。計画の「外側」に追いやられた五条はやがて空き家や空きビルなどが増加する。しかし、だからこそ、**［五条界隈］**は結果的に家賃断層帯（立地のよさにもかかわらず比較的家賃相場の安いエリア）となり、やがてそうしたヴォイドに新たな価値を見出す個人が連綿とあわられ、徐々に個性的な界隈が形成されていった。

本来であれば都市全体に波及していくべき影響も、まずは線の「内側」に押し込められることで、やがてその「内側」は矮小化し、外側は周縁化する。例えば、創造都市政策で名高い横浜市の戦略の一つに、「創造界隈の形成」がある。アーティストやクリエイターが創作・発表・滞在（居住）することで、街の活性化を図る「創造界隈の形成」を進めるため、都心部の歴史的建造物や倉庫、空きオフィスなどを創造的活動の場に転用する試みであり、その戦略性の高さは特筆に値する。ここでは、その政策的な正当性を議論するのではなく、改めて線を引くことの限界を見出してみたい。

ジェイン・ジェイコブズ[用語1]がしばしば言及するニューヨークのSOHOの例を引くまでもなく、もともと創造的な界隈というのは、計画的に形成されるというよりは、自然発生的にコアが生まれ、それがやがてゆるやかに空間的・人材的に集積するパターンをとることが多い。例えば、創造性を基軸とするアーティストのような人材が、経済基盤の弱さに直面しながらも自己の活動を継続するような場合を考えてみる。なるべく多くの大衆にむけて自身の作品をPRしたい彼らが望む活動拠点は、サンフランシスコのヘイ

用語1 ジェイン・ジェイコブズ
1916年生まれ。1961年に著した『アメリカ大都市の死と生』において、機能優先の近代都市計画の理念を痛烈に批判。人々の暮らしを軽視した都市再開発や高速道路の建設に反対し、活気ある都市が持つ複雑な秩序の重要性を唱えた。

ト・アシュベリー地区、ベルリンのクロイツベルク地区、ニューヨークのSOHOなど、立地的には都心近くにありつつも、家賃が相対的に廉価な不動産が集積するエリアである。結果的に彼らが次なるムーブメントを起こすフィールドとして、見えない都市のポテンシャルを「発見」し、それがやがて界隈を形成する起爆剤となる、というプロセスをとる。このような場合、たとえ計画的に創造的人材の集積を誘導できたとしても、そのような計画意図が、果たして真の意味で彼らのクリエイティビティの琴線に触れるだろうか。むしろ、かつてのSOHOを見出した無名の芸術家たちがそうであったように、彼らはその計画意図として線を引いたエリアの「外側」にこそ、新たなチャンスを見出すのではないだろうか？ ここに計画の意志と空間のつくられ方の、もどかしい関係が垣間見られる。

戦略を持って界隈に働きかける

今後の都市計画は、負の外部経済性の排除から正の外部経済性の促進を支える技術でありたい。能動的で積極的ではあるけれど一定の可変性を備えた都市計画のビジョンづくり、それを具体的に押し進める非ユークリッド型土地利用規制の根拠としての戦略的ゾーニング・プロジェクト・プログラム、そして0－1型に陥らない調整機能を備えたエリアの線の引き方と線の内側の実効性の向上の方法を考えたい。

今後は、ビジョンを固定的に示すというよりも、地区ごと、時代ごとのコミュニティの現実に即して漸進的にプランニングを進めていく、という方法を取らざるを得ない。界隈レベルのきわめて現実的なニーズからプランニングを開始することを基本に据え、現場で一定の成果を収めてから都市全体との接続を考える、という考え方を徹底したい。

都市計画として引かれたエリア内外の、多様で多元的な計画意図を検討するために必要なのは「戦略性」である。「戦略を持ったエリアを形成する」、つまり自己完結型のエリアを設定するのではなく、「多様な戦略を重ねることによって界隈に働きかける」ことが求められる。界隈という言葉には、行政区画であったり町内会の線引きを越えた、実体的な生活圏の様相が内包されている。

先験的都市計画へ

とすると、これからは線を引きつつ、「外側」への影響を戦略的に構想することに、新たな可能性が眠っていると考えることも可能だろう。場所にもとづいた点的・建築的な対応と、それを波及させる線的・面的で仕組みづくりを含む都市デザイン的な対応の二層性のアプローチを検討したい。

そもそも都市計画は都市の変化を読み、それを利用することで都市空間をよりよい方向に導く技術である。成長時代を支えてきたかつての政策は、量的充足の手段として計画を展開してきた。これからも、将来の人口や住戸の整備数といった数値目標を追いかける技術であることは、基本的に変わらないだろう。しかし、常に既存の価値は転換・更新され、当初の「読み」は外れる。その「外れ」に生まれる空間にこそ、コミュニティ再生の鍵が眠っているという逆転の発想が必要となろう。そもそも「外れ空間」も、計画があってこそ生まれるのだから。

【注】

＊1　浅見泰司（２０１６）縮小社会の都市計画システム『都市住宅学』95号、pp.4-7

3・2 小さな時間を積み重ねて都市の魅力を育てる

④テンポラルな空間がつくりだすもの

栗山尚子

柔軟な土地活用の現実：多くの駐車場

近年都心部を歩いていると、過密だった建物がぽつぽつと取り壊され、小規模な駐車場が点在するようになった光景によく出くわす。不動産的観点からいえば、使い道が決まっていない土地を放置するよりはアスファルトで舗装して、一時的に駐車場として収入を得るのは、土地所有者の柔軟な資産運用である、というのが一般的だろう。しかし、それは同時に、そこにもともとあったはずの商店や銭湯といった多様な人々や面白い活動に出会えていた場所が消えて、車が停まっていない時はがらんとして、車が停まっていても人間の営みが感じられない状態で、無味乾燥な空き地になるということである。そうではなくて、まちの価値や魅力の向上にも寄与しうる柔軟な土地活用、つまりテンポラリーな空間活用はどうすれば実現できるのだろうか。

住民向けの空き地の柔軟的な活用

1章で紹介した神戸市の［**まちなか防災空地**］は、住民向けの柔軟な土地活用を実践した好例といえるだろう。空き地に置かれたベンチでは、人々が休憩がてらおしゃべりをし、小規模な地域のイベントが催される。日差しの強い日は地域の人がテントを設置して日陰をつくるなど、快適な滞留の場として日々変化している。

土地所有者、まちづくり協議会、神戸市の三者で協定を締結し、神戸市が無償で土地を借り受けるこの制度は、年々その適用事例を増やしている。このまま事例が増えていけば、近隣の土地所有者の中からも、短期間なら土地をまちのために使ってもいい、という意識を持つ人が出始めるだろう。

三者にメリットがあるこの仕組みを具体的に見ていきたい。まず土地所有者にとっては、使い道には困るが手放す覚悟もない土地を、3～5年という短期間で（個人ではなく）神戸市に貸与できる。土地・家屋の所有意識も高い日本では、相続してきた家族の土地を手放して、新たに都市の中心部へ移住するといった動きを促すのは難しい。手放すという大きな決断を迫られず、かつ信用できる相手へ貸すことで心理的な不安は少ない。また、固定資産税が非課税になるという金銭的メリットもある。さらに、地域に土地を使ってもらいながら、地域コミュニティ醸成に貢献する空き地の使い方を体感でき、貸与期間終了後の土地の活用法も時間をかけて考えることができる。

一方まちづくり協議会にとっては、神戸市の補助を受け、地域のニーズを踏まえた整備と維持管理を行うことができ、老朽建物には解体費の補助を受けることができる。

また、神戸市としては建物の密集度を低くして防災性を高めるという、密集市街地で適用される本制度本来の目的が達成される。同時に、地域の付き合いを強化して、総合的な住環境の魅力アップを図ることにもつながっている。

住民向けの小さなオープンスペースの活用

［まちなか防災空地］のように、駐車場ができるくらいの区画サイズや街区サイズのものもあれば、軒

下空間もサイズの小さいオープンスペースと考えられる。戸田市の［おやすみ処ネットワーク］は、私有地の軒先や行政施設用地、歩道にベンチを置くことで、高齢者の居場所づくり、おしゃべりの場を創出した事例である。まちの人々からの発意で所有者に働きかけ、軒先を間借りしてまちの人々が憩える場所をつくっている。

また、［五条界隈］の「のきさき市」は、軒先という小さな空間を利用したい近辺の住人が、所有者と管理者に働きかけてクリエイターズ・マーケットを実施した事例である。五条通で過ごしてきたという共通点を持つ人々が、軒先を持つ所有者と管理者に、まちを楽しもうとする意志を理解してもらい、そのイベントを通じて、知人・友人を増やすことができた事例だといえよう。

これらの2事例は、使い方が決まっていない土地の一時的な利用を通して、まちの困りごとを解消している。溜まり場の創出によって人々をゆるやかにつなぎ、地域内の知り合いを増やしてコミュニケーションの機会を増やす場づくりに寄与している。その点では、土地の所有者とオープンスペースの管理者・利用者が顔見知りであり、地域にかかわっているという共通点があるからこそ成立しているともいえる。地域住民の住み心地を向上させる一石二鳥な空間活用が、一敷地、一街区といった空間の規模にとらわれず、軒先レベルの小さな単位から可能になるのである。

共通の嗜好を持つ人々を集める場づくり

ここまでは、地域という一定範囲で顔の見える関係について言及してきたが、農村部のようにどこに行っても知り合いばかりという生活は、都市生活者にとっては息苦しさを感じることがある。都市生活の魅力の一つに、匿名性が挙げられる。孤独ではないが、共通点のある知り合いがいるような人間関係の構築が、都市では主流になっていくだろう。

[KIITO]は、共通の嗜好を持つ人々に活動の場を提供する公共施設である。デザイン事務所や建築事務所等のオフィス空間、オフィス利用者のためのプロジェクトスペース、種々のサイズの時間貸しスペースと、多様な空間が用意されている。従来型の公共施設は、公平なサービスを提供することが第一義であり、机と椅子のレイアウトを変更しさえすれば、たいていの要望に応えられる多目的室や会議室等が用意されてきた。しかし[KIITO]では当初から、デザインやものづくりに興味のある人が集まりやすく、使いやすい環境を整備しているのだ。

指定管理者が提供するプログラムもその考え方にもとづいている。不特定多数を集める娯楽イベントなどではなく、あるテーマに興味を持つ人が一堂に会して議論をする「+クリエイティブゼミ」という連続ゼミの開催も、その一例だ。

施設運営だけでなく、空間整備手法も特徴的だ。行政は、すべての空間を完全に整備しきらず、実験的活用スペースを設け、オープン後の状況を見て使い方を検討する姿勢をとった。するとほどなくして、写真撮影会や映像撮影等など当初想定していなかった利用がなされ始めたため、追加整備はせずそのまま、創造性を誘発する空間として活用している。

将来を決めきれないがビジョンは必要

わたしたちの都市は、人口増加時代を前提とした法制度によってかたちづくられてきた。しかし、人口減少に転じた昨今、次にあるべき暮らしの姿を想像できず、悲観的な意見も見られる。人口減少社会「元年」といわれた2008年以降[*1]も一方で世帯数が増加し、1世帯あたりの人員は縮小傾向である。[*2]そんな

縮小を前提とした都市計画制度の典型例として、立地適正化計画が挙げられる。積極的に人付き合いをしなければ孤独になりやすい社会で、各自治体が都市全体の構造を見直す「コンパクト・プラス・ネットワーク」を進め、[*3]生身の人々が接触できる場や環境づくりに向けて、土地への所有・利用意識を変革し、柔軟に土地を活用することを目指した計画だ。

ＳＮＳやインターネットを介した知り合いづくりは容易になったものの、生身の人間と接触する機会・場・環境づくりはますます困難な時代である。だからこそ、生活の質（ＱＯＬ）を高められる空間・環境づくりへの関心も意識が高まっている。これを絶好の機会と捉えたい。空き地を使わないまま置いておくのではなく、テンポラリーな空間として使うという実践は、まちや都市の価値を高める。人々の創意工夫によって楽しく使える場へと変換していく動きは今後も増加するだろう。多様な要望に応じて変化できる使い勝手のよさは、地域コミュニティのつながりを強める一助となる。短期的な実践を積み重ね、試行錯誤を繰り返すことで、長期的な将来への道筋をつくる、そのようなプランニングが今後は求められるのではないか。

その際に気を付けておきたいのは、モチベーションが途切れないようなサポートが必要になる、ということだ。現在の行政によるサポート制度は、活動に対する助成金のサポートが主であるが、担い手（プレイヤー）の育成に対するサポートがさらに重要になるだろう。場を生み出すプレイヤーが同一人物ばかりでは、実践疲れ（アクション疲れ）が起こってしまう。またテンポラリーな空間づくりは、次はどのように場を使おうか、その実践がまちの将来ビジョンにどう結びついていくのかを、節目ごとに考え直す必要がある。まちや都市をよくしていくための価値観を種々の人々と共有すること、その同志を増やしていくこと、常に「なにかしたい」という意志に寄り添い、実践が停滞しない場であること、そしてその気持ちや実行力を妨げない制度やルールを整えていくことが、都市生活を楽しくする場を生み出していくエッセンスだと考える。

【注】

＊1　総務省統計局ＨＰ　http://www. stat. go. jp/info/today/009. html（２０１９年3月6日閲覧）

＊2　総務省統計局ＨＰ　http://www. stat. go. jp/info/today/106. html（２０１９年3月6日閲覧）

＊3　国土交通省　立地適正化計画制度　http://www. mlit. go. jp/en/toshi/city_plan/compactcity_network. html（２０１９年3月6日閲覧）

3・2 小さな時間を積み重ねて都市の魅力を育てる

⑤「計画」をリノベーションする

阿部大輔

建築のリノベーションから計画のコンバージョンへ

計画は（実施の段階ですら）古びていき、リ・プランニングという次の段階では、その当時の意図や手法が顧みられることは稀である。特に自治体の首長が変わる際に、政治的駆け引きも加わり、以前の都市計画にまつわる政策が大きく転換することは、決して珍しくない。スクラップ・アンド・ビルド型の都市再開発のデメリットは広く認知されている一方で、政策としての都市計画のアプローチ（政策や方法）は依然としてスクラップ・アンド・ビルド型が幅を利かせている。計画の「つくり捨て」は極めて一般的である。しかし、そうした古い計画にもヒントが隠されているのではないだろうか？

建築ではリノベーション／コンバージョンが、新築には達成できないような多様性や冗長性を創出する重要な手段として注目され、すでに一般的な手法として定着を見ている。それを同じような概念で都市空間をリ・デザインすることが可能ではないか。それまでに界隈が積み上げてきた文脈を一切考慮せず、一斉にクリアランスするのではなく、既存の計画（プランニング）がその当時に直面していた課題への認識や、それへの対応方法を再理解し、改めて当時のプランニングを現代に見合う形でリノベーションしていく。界隈の基本的なストラクチャーを継承することは、市民生活のリズムを維持することにもつながりうる。その上で、空間的改変を最低限に抑えつつ、新たな空間構造やプログラムを挿入していくことで、現代の生活に不可欠な装置を埋め込んでいく。漸進的に変化していくまちは新旧を交えた多様性を生み、多様性は人々の寛容性を育む。都市が包摂の試みを促していく。社会情勢の変化への対応も強い、レジリエントな空間づくりへとつながっていく。

プランニングにプランニングを重ねる

洋の東西を問わず、既存の市街地とその上に引かれた都市計画道路の関係は常に大きな問題である。近代都市計画は、街路体系に明確なヒエラルキーを要求した。自動車道路の優先度が高いため、計画道路は勢い既存の建造環境に破壊的に適用される。計画道路の整備を実施するにあたっては、開発か保存の二者択一論に陥りがちである。近代が志向した空間づくりからの脱却と、既存のプランニングの読み替え、つまり計画（意図）のコンバージョンが求められている。

鹿児島の［**みなと大通り公園**］は、都市計画道路というかつてのプランニングを現代的に読み替え、新たな空間形成として実現した好例だ。自動車空間としても、地域のための空き地としても、あまり使い勝手のよくなかったかつての道路空間を、大胆にも中央を遊歩道化することで、道路に広場的性格を持たせつつ空間の公共性を取り戻し、界隈間に連続性を生み出した。広場的街路を生み出しているので、道路体系の整備という当初の市街地改変の目的にも沿っている。道路空間の抜本的な再配分により歩行者優先の空間を生み出した［**道後温泉**］にも同様の指摘が可能だ。こうした地区を歩くと、広場的街路あるいは街路的広場により界隈が分節化され、けれど分節化されたがゆえにむしろ独特の連続性が生まれ、それがプランニングの段階では想定していなかった、あるいはプランニングでは決して生み出され得なかった独特の魅力を生み出している。開発計画の頓挫に直面したことを逆手にとり、多様な主体の協働を引き出すことで当初の計画の理念を刷新しつつユニークな空間を生み出した［浮庭橋］、暫定的な利用の概念を持ち込むことで密集市街地に住民のための空地をもたらしている［まちなか防災空地］も、計画概念のコンバージョンといえそうだ。

こうした空間は、都市がしぶとく持っている「使用価値」を、改めて認識させる。近代化の過程で実際に誕生した再開発の空間を「都市計画遺産」として捉え、改めて「再開発」していくことは、現代に見合った歴史的ストックを活かした都市デザイン手法といえるだろう。

都市空間は、決して最新の計画によってつくりあげられていくわけではない。伝統都市の都市構造というレイヤーがあり、近代都市の近代都市計画による計画意図というレイヤーがあり、文化や多様性、都市における創造性をキーワードとする現代都市が要請する空間づくりのレイヤーがある。都市計画道路と既存市街地の維持をめぐる相克は、こうしたレイヤー間の不整合でもある。それらの重ねの合わせのなかから、現代的に計画意図を読み解き、空間の実践がなされたとき、唯一無二の空間体験が生まれる。

新しく付け足される計画意図とデザインが、それまでに適用されてきた計画意図とデザイン群に新しい意味を加えつつ、既存の計画意図とデザインが持っていたメッセージを再更新する、そんな連歌のような感覚が必要とされる。

まちの資源としての「計画の意図や痕跡」

2章でも指摘したように、これからの時代は既成市街地のありとあらゆる資源を価値づけ、都市のストックとして活用していくことが欠かせない。そのまちが積み重ねてきた「計画の意図」や「計画の痕跡」も資源として捉える視点が必要となろう。これら計画の意図は、必ずしも好意的な結果を都市空間に刻んできたとは限らない。その計画が存在したがゆえに、都市内に負の空間を産み落としてきたこともあるだろう。

例えば先述した鹿児島の［**みなと大通り公園**］以外にも、都市計画道路事業の難航により建物の建て詰まりや、インフラの未整備が発生していた界隈において街区を取り壊すことにより新たに公共空間を穿ち、生活の息吹を取り戻したバルセロナ、計画的に形成されたものの自動車交通が支配していたブロードウェイにおいて、道路空間の広場化と歩行者空間の創出を進めたニューヨーク等の取組みは、ともすれば「負の価値」を帯びかねない空間を創造的な構想により再生した好例である。[*1]

都市は時間軸を持った意図や物語の集積でもある。桑子敏雄の言う「空間の履歴」[*2]は都市の再構築の方向性を考えるにあたり、不可欠の視点であろう。「空間の履歴」の中でも、近現代においてさまざまな政策意図のなかで計画化・事業化され、資金を投じられて形成された近現代の都市空間は、都市への意思が確かに存在していたことを物語る履歴であり、都市内に残された貴重なストックとしての価値を持つ。こうした「アーバンアーカイブ」とでも呼ぶべき空間遺産は、成熟時代の都市デザインにとって貴重な資源でもある。

本書で描かれたいくつかの事例は、都市に残された計画の痕跡から、そこに潜む空間の資源価値をつかみとり、顕在化させる計画技術の可能性を示唆している。

【注】

＊1　西村幸夫編著（２０１７）『都市経営時代のアーバンデザイン』学芸出版社

＊2　桑子敏雄（２００９）『空間の履歴—桑子敏雄哲学エッセイ集』東信堂

3・2 小さな時間を積み重ねて都市の魅力を育てる

⑥ゆっくりと時間をかけて育てる

武田重昭

時間を味方につける

「わたしたちは、この世界に手を加えて、それを保護したり変化させたりすることによって、わたしたちの願望を表現しようとする。計画についての議論は、常に変化するものをどう扱うかにかかわってくる」――ケヴィン・リンチ

まちづくりのプランニングがものづくりのプランニングと大きく異なるのは、対象そのものがダイナミックに変化し、計画の実行過程においても時間の経過によって常にかたちを変え続けるという点にある。時間が経てば経つほど、寂れるのではなく豊かになる都市。人口や税収が減っても、ますます生活の魅力が高まる都市。このような前向きな変化を誘導するプランニングが求められる。

人々の時間に対する意識から都市を計画することを思考した**ケヴィン・リンチ**[用語1]は「都市の変化をうまく運営することができれば、それによって歴史と生活のリズムをドラマティックに表現することができるだろう」と指摘している[*1]。絶えず変化するまちの営みを好ましい方向に導いていくためには、時間をうまく味方につけるためのプランニングが必要だ。

過去の時間と未来の時間

都市をプランニングする際の「時間」の捉え方は、プランニングの材料となる「過去の時間」とプラン

用語1 ケヴィン・リンチ
1918年生まれ。マサチューセッツ工科大学で都市計画の教鞭をとる。都市がどのように人々に見られ、記憶され、楽しまれるかといった視点から調査分析を多数行う。著書に『都市のイメージ』『敷地計画の技法』『知覚環境の計画』など。

ニングの対象となる「未来の時間」の二つに分けることができる。

過去の時間を捉えるというのは、空間の地歴やまちのコンテクストと呼ばれる、これまでに蓄積されてきた空間の価値を読み取ることだ。これらの調査や分析がプランニングの質を決める重要な手掛かりとなる。暮らしや産業といった人々の活動の移り変わりを直接的に捉えるものもあれば、文化や風習といった空間に対する人々の働きかけが概念化されたものまで、捉える対象は幅広い。例えば、［KIITO］の事例では、旧生糸検査場の建物という歴史的な空間の価値が保存・継承されており、［姉小路界隈］では、京町家がまちなみの基調をつくり、［奈良町］では、千年以上の時間をかけて形成されてきた市街地が現在でも生きたまちとして人々の暮らしを支えている。これらの事例のように、その空間が持つ過去の時間を丁寧に読み取ることがプランニングの基礎を固める。しかし、プランニングにおいてより大切なことは、読み取った過去の時間をどのように未来の時間につなげていくことができるかである。

未来の時間を捉えるというのは、まちがどのように変化していくのかを予測することである。過去の時間から読み取ったまちのポテンシャルをどのように伸ばし、課題をいかに解決していくかといった手立てを時間軸で組み立てていく。計画に沿った空間ができた段階で過去の時間が継承される、というだけでは未来の時間にはつながらない。できた空間がまちにもたらす効果が時間とともに広がり、さらに価値が積み重ねられていくといった変化のプロセスを前向きに捉えることが、過去の時間を未来の時間へつなぐプランニングである。［KIITO］では、歴史的な空間の機能を限定しすぎないように、柔軟な利用を許容するオペレーションによって建物の魅力を活かした運営がなされている。［姉小路界隈］では、対話によってまちなみの継承だけでなく、新たな価値が生み出されている。［奈良町］では、まちと暮らしの変化が重ねられた雰囲気を大切にしながらも、新しいライフスタイルやニーズに応えるための空間利用によってまちの機能が更新され続けている。

都市に流れている時間は当然ひとつながりのもので、過去の時間の延長に未来の時間がある。しかし、現在の都市計画はこの二つの時間を分断し、それぞれを違う時間として捉えていることが多いのではないか。過去の時間の価値をそのまま保存しようという姿勢ではなく、過去と全く違った未来の時間の価値を無理やりつくり出そうとするのでもない。過去から未来へとつながる時間を連続的に捉えて、過去の蓄積のうえに価値をどう積み上げていくかを示し、未来の変化に期待が持てるプランニングが求められている。

変化に適応する柔軟なプランニング

現行の都市計画区域マスタープランは、おおむね20年後の都市の姿を展望して基本的な方向を定めることが望ましいとされているが、人口減少社会では長い時間の先は見えづらい。［浮庭橋］が架かるまでのプロセスには当初の計画から約15年という長い時間がかかっているが、経済情勢にあわせて事業計画は大きく変更させながらも人道橋をつくるという目標は実現された。時代の変化に柔軟に対応しながらも、計画の主旨は達成された好例である。また、［丹波篠山］の事例では、一つのアクションが単独で効果を発揮するのではなく、その先に続く連鎖を見越して、空間の価値をまち全体へと広げていく展開をつくっている。まちに対して、出来事の連鎖反応を起こすことに成功しているのだ。

現在の都市では、ある時点の優れた予測にもとづく計画であったとしても、時間の変化とともに目標像は更新せざるを得ず、固定的な完成像で都市をつくっていけるという時代ではない。国土交通省の都市計画運用指針でも「今後のマスタープランには、策定後の状況の変化を受けて適切な政策判断が可能となるような弾力性も必要となる」ことが明記されている。

これからのプランニングに求められるのは、計画の大きな方向性は共有しながらも、それを実現する具体的な手順や道筋については、状況に応じて柔軟に更新していくといった臨機応変な仕組みだ。議論の材料としてのマスタープランは必要であったとしても、計画の良し悪しは、そこに示された最終的な都市像だけで評価されるのではなく、どのようなプロセスで、なにを重視した価値判断や合意形成を図っていくのか、そのためのメカニズムについても評価がされなければならない。そのためには、計画の進行過程をある段階に区切り、進行管理をしっかりと行うことで、計画を適宜改善していくようなフォローアップの仕組みが重要である。

このように必要な時に計画を見直し、適切に対応を変えながら進めていく方法やまちの変化にあわせて、連鎖的に次の展開へつながるように対応を図りながら進めていく方法を持つ、漸進的（インクリメンタル）なプランニングの視点が不可欠である。

時間をかけることでしかつくれない価値

現在の都市が一つの権利や意志によってつくられているのではなく、多様な人々の合意形成を繰り返しながらつくられていることは、都市が多様な意志を反映した結果として現れる複雑な総体であることを意味している。それゆえ、一つの目標像に向かって都市を効率的につくり上げることは難しく、都市の魅力は一朝一夕に築けるものではない。しかしその反面、都市の魅力は多様な人々の意志がつくり上げた非常に奥深いものであるともいえる。

都市が長い時間をかけてしか獲得しえない価値はたくさん存在する。例えば、まちに働きかける主体が育ち、担い手となっていくには、教育や伝承のための時間が必要である。また、都市の基盤を支える土地自然の魅力は、樹木が大きく成長する時間や災害からの復興の時間といった長いタイムスパンのなかで発揮されるものも多い。さらに、まちの姿をいまの世代だけの権利で決めていくのではなく、世代を超えた将来の市民の利益を考えることで、大きな決断が可能になることもある。このように都市には時間をかけることでしかつくれない価値が存在する。舞台の書き割りのような即席につくられる表面的な美しさだけでは、都市の本質的な価値はつくれないのだ。

都市の価値をつくり出すためには、長い時間の中での多様な人々の合意形成が必要である。たとえ計画どおりの空間ができあがったとしても、その空間の本当の良し悪しが決まるのは、そこに人々の生活がはじまり、空間が使いこなされることで、都市にさまざまな効果が生まれてからである。生活による人のかかわりが都市に刻まれることで、都市ははじめて生きた環境になる。さらに、それは何世代にも渡って受け継がれていくことで魅力を増していく。そもそも都市の価値は、ゆっくりとしか育たないものなのだ。にもかかわらず、現在の都市への働きかけは単年度の予算執行で区切られた、表面的で即応的な対応ばかりが目に付く。短期間ですべてをつくり上げるような事業では、そこに内在していたはずの空間の魅力や人々の関係性を失ってしまうリスクが高く、均質で排他的な空間になりやすい。空間だけが急激に変化をしたとしても、そこにかかわる人々が取り残されていては、新しい価値は生まれない。長い時間のなかで、多くの人々の行動と意思が積み重ねられた結果、はじめて魅力的な都市ができるのだ。

プランニングの基底には、魅力的な都市は突然できあがるものではないという認識がなければならない。壮大な時間スケールが都市の向こう側に透けて見えることで、わたしたちはその都市の奥深い魅力を感じ取ることができるのである。

【注】

＊1 ケヴィン・リンチ著、東大大谷研究室訳(1974)『時間の中の都市』鹿島出版会

3・3 小さな共感を生むことで都市の全体像を描く

⑦プロセスそのものを目的にする

石原凌河

都市はなにを目的にプランニングされていくのだろうか？

人口増大・経済成長時代は、インフラの整備、郊外住宅地の開発、都市部での再開発など、目に見えるかたちで都市計画が機能していた。次の時代に目を向けると、都市が縮小する流れのなかで、フィジカルなアウトプットを生み出すだけがプランニングの目的とはならないだろう。先が読めない不確定な時代においては、アウトプットのみならず、むしろプロセスそのものが価値を見出す手がかりとなるのではないだろうか。実際に1章で取り上げた事例には、プロセスから生まれる価値を重視しているものや、都市空間をつくる過程で起こる想定し得なかった事態さえも楽観的に捉えて、それ自体をプランニングの目的へと転換させたものが見受けられる。

プロセスに呼応した魅力の醸成

［KIITO］の事例では、**④テンポラルな空間がつくりだすもの**でも紹介したように「余白」の空間を設けることで、利用者が使いながら場をつくることを促した。計画当初から明確な空間像やビジョンが決まっていたのではなく、ある意味ではその空間を利用者に放任しているわけだが、［KIITO］にかかわる人々が場として改変していくというプロセスによって価値が引き出されるといえそうだ。一度にビジョンを決め

切り、空間をつくりこんでしまうと、ビジョンを描いた時点と現在とのあいだに少なからず齟齬が発生し、ミスマッチが起こる可能性が高い。構想段階からプロセスも含めて漸進的にプランニングし、時代や予算等に応じて空間を改変することで、利用者のニーズに呼応した空間の魅力を醸成することができる。

また、[KIITO]は空間的な「余白」のみならず、制度的な「余地」も持ち合わせている。指定管理者が自主事業を展開しやすいよう制度設計がなされており、自由な活動が担保されている。プロポーザルの段階で制度や活動を大幅に規定するのではなく、施設運営がスタートした段階で活動を柔軟に捉え、現場のニーズや社会の動向に応じた運営ができるのだ。

自らの暮らしを豊かにすることがまちの魅力につながる

[コトブキ荘]では、空間的な価値だけでなく、古民家をシェアスペースとしてリノベーションしていくプロセスそのものが、自らの暮らしを豊かにする点で価値をもたらしているといえそうだ。基本的な空間利用の骨格が決まっていたものの、自由な雰囲気を醸成するために、利用開始後、数カ月間は関係者の調整や間合いによって空間が規定された。この期間に空間をつくりこんでいくプロセスそのものが、[コトブキ荘]にかかわる人々の楽しみの一つとなっていたのだろう。コンサルタントだけがプランニングを行う主体ではなく、地元住民や事業者も自らのまちや暮らしを高めていく活動そのものがプランニングになり得ることを事例から読み解くことができる。

[奈良町]では、指針やビジョンをもとに実現されるトップダウン型のプロジェクト開発ではなく、まちにゆかりのある人物や愛着を持つ人々などによる自主的な活動が魅力の基盤となっている。こうした活動を支えているのは、自分たちの建築行為を固く縛るルールではない。互いの店を気ままに訪れ、雑談か

ら出たアイデアを小さなイベントとして実現するように、自らが建物やまちのよさを活かしたいという個々の想いと緩やかなつながりがまちの魅力を支えている。また、新規の個店が出店しやすい創業支援のメニューといった自主的な活動を許容する制度的な余地に加え、活動の舞台となる空き家・空き店舗といった空間的な余白があることも大きい。こうした自主的なアクションは個々に完結せず、有機的に連携しあっているため、面的な魅力を醸し出すことに成功している。このように、自主的なプランニングを受け入れる土壌が整っているからこそ、[奈良町]の価値は継承され続けているといえるだろう。

想定外を含めたプランニング

[みんなのひろば]では、松山の中心市街地のコインパーキングを広場化することに対して、当初は理解を示さなかった商店主がいまや、広場で多様なアクティビティを展開し、賑わいが生まれることとなった。商店主もメリットが享受できるようになると、徐々に賛同者が集まり、彼らを巻き込んだ取組みが起こった点が興味深い。広場化することに対する地域からの想定外の反対にも目を背けず、周辺地域との関係を形成するための地道な取組みと関係づくりを蓄積したことで、合意が得られ、広場と人々との良好な関係がつくられ、豊かな空間のありようにつながったといえる。

価値共有のためのプランニング

以上の四つの事例から共通していえることは、当初からビジョンを決めきるのではなく、一定のプロセスを経ながら人々の理解を深め、場合によっては段階的に空間や制度を改変したり、自主的な活動をあえて促し、さらには当初想定できなかった事態に対しても軌道修正を加えながら進めていくことが、結果として現在の空間を規定しているということだ。

しかし当初のビジョンを決めないということは、都市の将来のあるべき姿を構想するという「都市計画」そのものを否定するといわれかねない。

実際に、都市デザインプロジェクトにおいては「基本構想」―「基本計画」―「実施設計」という段階で進めていくといわれている。基礎調査を経て、構想段階から計画テーマを設定し、それに沿って計画と実施段階へと進むといった段階ごとに、それぞれの専門家がステップを踏みながら進めていくのが一般的である。しかし、馬場は、「計画する人」―「つくる人」―「使う人」というプロセスをとる戦後の日本の空間のつくり方が、現代ではむしろ「計画する人」、「つくる人」、「使う人」が融合し、それぞれの主体がプロセス全体の当事者であることを指摘している。

実際には、**［コトブキ荘］**や**［奈良町］**の事例からも明らかなように、専門家だけがプランニングを進めるのではなく、市民や事業者もプランニングを行う主体となっており、「構想」「計画」「設計」といった役割もすべて担っている。

こうしたボトムアップの活動を支えるためにも、プランニングのスケールと尺度が見直されなくてはならない。国土の未来を展望する広域的なスケールだけでなく、市民や事業者が主体となり、暮らしや日常生活をよりよくするための狭域的なスケールの活動も対象に含んで考えるべきなのはいうまでもない。大事なのは、その空間にかかわる市民や事業者が、そこにいる仲間とともに「過ごし、楽しむ」といった価値を日々実感できる状況を整えることである。その先にしか、国土や都市のよりよい未来は描けない。だからこそこれからのプランニングは、フィジカルな価値だけでなくプロセスそのものの価値づけからスタートするべきではないか。


【参考文献】
・佐藤滋・後藤春彦・田中滋夫・山中知彦（２００６）『図説都市デザインの進め方』丸善
・馬場正尊＋ Open A 編著（２０１６）『エリアリノベーション―変化の構造とローカライズ』学芸出版社

3・3 小さな共感を生むことで都市の全体像を描く

⑧行政のリーダーシップからフォロワーシップへ

松本邦彦

〝当たり前〟を下支えしてきた都市計画法と行政

行政が担う都市計画の内容はその領域が多様化しているとはいえ、限定的な意味では都市計画法の内容を実践することにある。

2章でも触れたが、ここで改めて都市計画法の条文を確認してみたい。まず第一条には「(前略)都市の健全な発展と秩序ある整備を図り、もつて国土の均衡ある発展と公共の福祉の増進に寄与することを目的とする」とある。人が複数いると、そこには社会が生まれ、場合によっては考えや権利が衝突する。これに対し、さまざまなルールを定めて秩序ある都市をつくり、社会全体の共通の利益(公共の福祉)を増進することが目的と説明している。しかし、それぞれの所有者が自由に土地を利用してしまうと、都市全体の産業や、そこで暮らす人の生活に悪影響を与えてしまう。そのため第二条には、土地の利用にあたっては適正な制限を設け、都市全体としての土地の合理的な利用を目指すことが、都市計画法の基本的な考え方として示されている。

1968年という高度成長期に公布された都市計画法では、公共の福祉の増進のために個人の権利と社会的利益とのバランスを調整することが主眼とされ、区域区分の設定や用途地域の導入等が行われてきたことは、本書の事例の中でも言及してきたとおりだ。医療施設や上下水道、ごみ処理施設などといった都市施設の整備により健康や公衆衛生は保たれ、公園や緑地の整備により住環境の向上が図られ、産業振興と住環境の向上など相反する課題の調整も図られてきた。一方、それと反比例するように［北加賀屋］や［仏生山まちぐるみ旅館］といった地域や民間主導の取組みが盛んになってきており、行政が担う「都市計画」の先導的な役割や意義が少々見えにくくなってしまっているのは、1・3節の事例からもよく見て取れる。行政職員以外にも多様なプレイヤーが活動することで、個性ある魅力的な都市空間が形成されてきたことが確認できたが、ここに行政の継続的な空間への働きかけがベースとして存在していることを忘れてはならないだろう。

いま、行政に求められる役割とは

これらの暗黙知化しつつある事実について、その意義と成果をしっかりと確認した上で、魅力的な都市空間を形成していくうえでの行政の役割、立ち回り方、地域のプレイヤーとの役割分担について考えてみたい。

先に述べた公共の福祉の増進を図るという都市計画法の理念は、行政に公平かつ公正な振る舞いを求めている。しかし、すべての人に平等であることを前提とすると、一部の空間・地域で動き始めた固有の資源や魅力を磨いていこうとする人々の動きに対して、行政はどうしても光を当てづらくなってしまう。結果として、都市に本来存在するはずの尖った個性をそぎ落とした、メリハリのない平凡な計画や事業となってしまうことが多く見られる。基盤整備が急務であった成長期の都市であれば止むを得なかったかもしれない。けれども人口減少へと転じたいまとなっては、地区の個性やその差異を丁寧に捉え、伸ばしていく創造型のまちづくりへの転換が進められるべきである。［五条界隈］や［奈良町］のように、ミクロな界限スケールでさまざまなプレイヤーが動き（それが示し合わせたものではないかもしれないが）地域を動かしはじめている事例が確認できたが、こうした場合に行政の〝公平かつ公正〟というスタンスは、これらの動きにブレーキをかけることになってしまう。

「逆方向」進行形のプランニング

地域における一部の小さな動きではあるものの、[五条界隈]や[奈良町]のように、それらの活動が集積し空間的につながりだす、[浮庭橋]や[なぎさのテラス]のように一つの動きが派生・発展し時間的につながりだす、[北加賀屋]や[コトブキ荘]のようにコラボレーションや棲み分けが生まれ人間がつながりだすことが、都市空間の魅力形成において重要な役割を担っている。多くの関心や共感を集める取組みが増加しているエリアは、コミュニティや活動が多様なレイヤーとして重なり合っている状況にある。同じエリアで相乗効果を生み、キーパーソンを通じて関係しあう、空間的・人的なつながりが多く発生する魅力的な都市空間だ。こうした自然発生の動きは、初めにビジョンやマスタープランを策定し、5年、10年という計画期間を有する従来の計画プロセスでは予見できるものではない。

行政に求められている役割は、このように多様なレイヤーの特徴と相互の関係を読み取り、その状況を計画に反映させるという、「逆方向」進行形のプランニングだといえる。個々の動きが重なり合う現象をフォローする仕組みが必要となるのである。

活動の余白を計画に拾い上げる

一方で、ただ後から追いかければよいというわけでもない。現在動きのある地域をさらに加速させる計画、そうした複数のレイヤーの和集合から抜け落ちているエリアや視点の余白に存在するコミュニティや活動をうまく拾い上げ、それらも位置づける計画が必要となる。**［なぎさのテラス］**では、びわ湖と人々との関係が薄れ、いつしか市街地の裏側となってしまった湖岸空間や、交通体系の転換とともに衰退した中心市街地など、重なりが生まれにくくなっていた空間に光を当て、計画化したことがポイントであった。行政が**［なぎさのテラス］**や公会堂整備などの事業を実施し、いわばレイヤーの余白に一石を投じたことで、周囲に波紋のようにいくつものレイヤーが生まれ・拡がったのだ。

異なる時代と人のレイヤーを取り持ちメッセージを伝える

そして行政が担うもう一つの大きな役割がある。地域にさまざまなプレイヤーが生まれることが、都市空間の魅力形成にとって重要ではあることは上記の通りであるが、フロンティアとしての自らの取組みにより都市空間に変化が生じ始めたことを知覚している人たちと、こうした活動が成熟してきた段階以降に動き始めた人たちとでは、都市空間に対する評価や認識も異なってくる。

図1　タンファリン地区
（出典：松本・澤木（2017）*1）

図2　集合住宅リノベ
（出典：松本・澤木（2017）*1）

海外の事例ではあるが、筆者が過去に調査した中国武漢市のタンファリン地区（図1）は明・清時代の伝統的な様式を基本としながらも、西洋文化の影響も受けた民家（図2）が点在する市街地である。ここでは行政による沿道建築物の一斉修景整備が実施され、その整備により魅力が増した景観・歴史的環境に惹かれた若いオーナーによるカフェ・飲食店、雑貨店などが出店しはじめた（図3、4）。こうした景観整備や店舗集積により確立されてきた地区の知名度や集客力の向上が、さらに新規出店を呼び込み、活性化につながっている。しかし出店した店舗の多くは、修景整備の対象となった建物をコンバージョンしたものが多く、その際に行われた外壁塗装、看板設置などのファサード改造で、せっかく統一が図られた沿道景観を混乱させてしまっている。店主らが最も魅力に感じ、出店の動機ともなった地区の歴史的環境に対して、店主ら自らがその価値に負の影響を与えてしまったのである。この事例は土地所有や法制度の異なる中国の事例であるため、そのまま日本に当てはめることはできないものの、程度の差はあれ同様の現象が発生する懸念はある。そうならないように上手くコントロールすることは重要である。例えば［**奈良町**］では、地域のまちづくりが動き始めた当初は行政の保全型の活動が主導して

（上）図3　タンファリン地区（中国・武漢市）におけるコンバージョン店舗の分布（出典：松本・澤木（2017）*1）

（左）図4　店舗へのコンバージョンに伴い発生した代表的な改造・改修事例（出典：松本・澤木（2017）*1）

いたが、近年は地域環境に魅力を見出した店主によるコンバージョンなどの活動が生まれている。その都市空間の個性や魅力が、初期の保全活動や初動期のプレイヤーによるまちづくりの成果をベースとして成立していることを、現在のプレイヤーに伝えることが重要だ。そのための行政の役割は、例えば彼らが抱いていた都市空間への認識や想いをメッセージとして計画に位置づけ、次の取組みをスタートさせる人たちが共有できるようにすることではないか。

同じエリアにあっても、計画を立てる人（行政）、そこに暮らす人、商売をする人、実践の中でまちを変えていく人は、それぞれ異なるタイムスケールで地域の将来を考えている。長い時間軸で考えることができるのは行政ならではの役割であり、短い時間軸で発生する活動や事業を、長い時間軸のなかでどう意味づけ、計画としてそれらを位置づけられるかが重要である。個々の活動が総体として地域の新たな魅力となり続けるように、個々の動きを誘導していくような大きな筋道を通すことが行政の役割といえる。

【注】

＊1　松本邦彦・澤木昌典（2017）店舗へのコンバージョンが歴史的市街地の保全と活性化に与える影響―中国・武漢市タンファリン歴史的街区を事例に『都市計画論文集』52巻3号、pp.1226-1231

3・3 小さな共感を生むことで都市の全体像を描く

⑨ユニバーサルからダイバーシティに向けて

吉田哲

計画の持つ全体性とそれをどの時点で担保していくか。この問いに対して、ユニバーサルデザインとのアナロジーから説明をはじめてみたい。

ユニバーサルからダイバーシティに向けて

ハートビル法と交通バリアフリー法が統合されるかたちで2006年に施行されたバリアフリー新法、2016年の障碍者差別解消法の施行以降、都市施設の整備はユニバーサルデザインが前提となった。施設や環境のバリアフリーとは異なり、障碍のある人のみならず、すべての人に使いやすい計画・整備がユニバーサルデザインであるが、このだれでも使うことのできる環境は簡単には達成できない。

障碍のある人に使いやすい環境はほかの人にとっても使いやすいというが、障碍の状態は人によって異なる。ある種類の障碍のある人にとって使いやすい環境は、ほかの障碍のある人に使いやすいとは限らないことはよく知られる。点字ブロックがあると車いす利用者は通行しづらく、車道から歩道にあがる斜路は、足腰の弱った高齢者にとってののぼりづらい傾斜になることもある。ひとりの個人が複数の障碍を持つ場合や、障碍の進行度合い、もしくはその環境への「慣れ」によって、なにをどこまで自力ですることができるかが、同じ人でも時期によって変わることもある。これを考えると、すべての施設や環境で各種の障碍のある人に十二分に対応した事前措置をとることはとても大変なこととなる。施設や環境整備に費やす予算も限られるうえ、障碍の種別ごとの事前対応資料をすべて網羅することも容易ではない。となれば、あるところまでは利用者の平均的な利用状況を想定しながら、その時々により、複数の障碍への対応を、その事前に整備していくことが、ユニバーサルな「計画」のとりうる「かたち」となる。しかし、これを設計者・計画者だけで処理しようとすると、利用当初から「想定外」が連発し、大きな不備につながることとなる。障碍のある当事者を交えず、必要となる対応について十分に想定することは、どんな計画者であっても難しいのである。これに加え、大学キャンパスなどでは、ハード面の整備のみならず、授業受講等にかかるソフト面の支援との両輪で考えることも求められている。障碍のある学生や教職員はもとより、社会人学生や頻繁に開かれる各種の講座やオープンキャンパスには高齢者も大挙来学している。この配慮を怠り、これらの人たちの修学・来学の機会を損なうことは、大学に限らず、その生き残り戦略を誤ることとなる。

さて、ここで事前に多様な障碍のある学生や教職員による講義室や実験室などの利用のされ方を網羅したマニュアルを用意することは困難であるが、そこをごく直近で利用することとなる学生や教職員は、顔のわかるだれかである。そうであるなら、その当事者とコーディネーターも交えて、自力でできること、教室に備えてほしい性能やスペックを協議（カンファレンス）し、直接聞く機会を設けることが望ましい。この協議は環境利用の可能性を速やかに、しかし確実に広げるのである。また、学生たちはある年限で入替わるので、この協議は相手を変えて定期的に必要となることも納得いただけるだろう。

当事者を交えての繰り返しの協議や対応までの行程を含めた計画のあり方をインクルーシブ・デザインと呼ぶし、その障碍の個別性への対応や尊重に着目すればダイバーシティ・デザインとも呼ぶ取組みである。利用者が変われば必要とされる環境も変わる。これこそ関係者が知っておかなければならないことである。そうした積み重ねで定義された、期間限定で手探りの仕様で、技術革新に応じて更新され、新しい時代の環境がつくり続けられるのだ。これは、現在そこにいない主体も登場・交代しながら更新される、前向きな対話の余地への事前合意にほかならない。こうしてすべからく、かかわる人の異なる環境は、異なったものとなるのである。

都市空間づくりの主体の多様性と全体性

さて、こうした話は、まちづくりや地域施設計画での居住者や利用者主体の参加型の計画の進め方と似ていることにお気づきだろうか。個別の障碍を、価値観や立場・ものに対する認識の仕方・嗜好や、ありていにいえば活動の種類に、そして個別の障碍に対する個別の対応の積み重ねを、都市や地域・まちを対象とした個別の計画に、と、読みなぞらえることはできないだろうか。そうした部分の積み重ねが都市の全体をかたちづくることとなるのである。そして、この個別の計画には、1章で提示されたいくつかの事例に共通項がある。事業開始直前に、「計画」の完全な決定が不可能である点だ。本書で提示するのは、多様な主体の同時併存が認められるポスト近代に特徴的な、計画段階での完全な決定の「不可能性」である。

事業を進めながらその時々に達成される**［丹波篠山］**の先行事例は、当面の課題解決に資するため時限を区切った事業を繰り返す。また、都市環境上の必要な機能を発現させるような「状態として」の**［まちなか防災空地］**という都市施設概念も見てきた。**［仏生山まちぐるみ旅館］**のようにゆっくりと時間をかけて移住者の希望をかなえたり、身の丈にあったリノベーションを繰り返して歩む姿勢は、まち全体のプランや店舗の配置計画を必要としない。これは戸田市の**［おやすみ処ネットワーク］**の市内での位置にもいえることである。そして、同時多発的に新しい活動が生み出されていた**［五条界隈］**。これら都市の多様な主体の同時併存が適うことこそが、「都市の全体」なのではないだろうか。

事業開始時点での「完全な」そしてその「詳細」の決定不可能性は、なにも計画の無責任な白紙委任を指すのではない。その環境にかかわる主体の多様性への認識と配慮が、一時点で固定されないだけの話なのである。この主体の多様性への配慮＝包摂性は、国際社会が合意する持続可能な開発目標（SDGs）の基本方針として謳われている。この考えは、生物多様性にも通底し、いささか功利的に過ぎるきらいはあるが、災害や環境、さらには時代の変化に強い「系全体」のために生物多様性は不可欠とされているのではないだろうか。個別主体と他・多主体が成す関係性全体が事前に「完全に」把握されない以上、他・多主体の安易な排除や少数の強い主体への統合は、環境全体の存続を揺るがしかねないと理解すればよいだろうか。これを都市になぞらえてみると、多主体の並置される全体は、その時代の地域や社会全体の持続可能性を増すための新しい戦略と考えることはできないだろうか。差し迫る危機がなにであるかの議論はさておき、こうした多主体がそれぞれの嗜好やスタイルでの生活を実現できる社会こそ、新しく望まれている。これこそが私的かつ小さな取組みを併存しながら、都市の新たな公共空間、そして都市の全体がかたちづくられる新たな根拠となるのである。

人口ピラミッドが寸胴型になったことはとりもなおさず、なんでも自分でできる若い世代ばかりが多数派で主役であった時代が終わったことを意味する。「都市」の計画も、若い、もしくは健常な者たちだけの賑わいを目指すばかりでなく、若い世代と同じ割合となったほかの世代やステークホルダー、すなわち高齢者やLGBTQなどのそれぞれのダイバーシティを主役とする計画―都市にいる複数の価値観や認識を持つ主体の全体を見据えた計画―も、同時併置することが望まれるのである。これを端的に高齢者の外出・歩行支援と見て、新たに整備を提言したのが戸田市の「**おやすみ処ネットワーク**」である。人口減による縮小を始める次の時代、多数派となる主体が自身の主張への統合を声高に主張すれば、まちがった全体主義へと回収され、社会は誤った方向へ動くであろうし、そこからこぼれる少数派の困難は増すばかりである。新しい時代の計画の持つべき価値観は、いろんな手間を切り捨て、実行のたやすい計画で多くの少数派を排除するものではなく、この少数派の困難を社会全体として救済するものであってほしい。

決定しないまま残しておくコトどもを持ち越しながら、臆せず事業（建設）を開始すること。そしてその場の使用を開始した後も、継続的に多主体の関わりしろや異なる発意や意思、利害のあいだで計画を考えること。そして対話にもとづく調整を続け、改変を続ける意思こそ、多様性を認める次の時代に求められる計画なのだろう。これはとりもなおさず、豊かな多様性をもつ都市――だれもがどこかに居場所を見つけることのできる――のための戦略なのであり、そのためには環境や空間の漸次的変更可能性が前提とされるのである。そのような意味で都市空間が静態的に完成されることはないのであり、そのための計画への意思と継続、そのための回路が絶たれてはならない。

3・3 小さな共感を生むことで都市の全体像を描く

⑩まちに対する期待を高める

武田重昭

都市空間の媒介効果

都市空間の効果は大きく三つに分類することができる。一つ目はその空間が存在するだけで、効果を発揮する「存在効果」である。防災や環境保全など、都市空間が持つ最も基盤的な効果であり、そこに空間が存在することそのものによって担保される効果である。二つ目はその空間を人々が利用することではじめて効果を発揮する「利用効果」である。休息や遊びといった日常的な利用によってもたらされる効果に加えて、医療や学習といった特定の目的を持った利用によっても、さまざまな効果が発揮される。人々が都市空間を多様な方法で使いこなせば使いこなすほど、利用効果は高まると言える。

さらに、都市空間の効果は、その空間の内（オンサイト）だけにとどまるものではなく、空間の外（オフサイト）でも発揮される。**[五条界隈]**の「のきさき市」は、マーケットが開かれている一日だけの出店者や利用者による賑わいの創出という効果に留まらず、マーケットの企画から実行に至るプロセスを経て、日常的にも程よい距離感の人的ネットワークが形成されるという効果や人々の持つ五条通のイメージや価値を変化させたという効果が発揮されている。都市空間が生活に安心感をもたらし、シビックプライドを醸成している。このように、人々の心理に働きかける効果をはじめ、地域経済への波及効果なども含めた空間の外で幅広く発揮される効果のことを「媒介効果」と言う。

この媒介効果が高い都市空間ほど、都市に大きな影響を及ぼしている空間であると言える。これまでの都市計画においても、空間内で発揮される存在効果と利用効果は十分に意識されてきた。だがこれからは、その空間を媒介とした都市への波及効果についてもプランニングに取り入れていく必要がある。空間の価値がその空間内に閉じて留まるのではなく、空間を介して都市全体へ広がっていくような、そんな効果を持つ都市空間こそ都市の魅力を高める空間と言えるのではないだろうか。このような空間が増えることで、人々は都市空間を利用していないときでも都市の魅力を身近に感じながら暮らすことができる。

まちに対する期待を高める

都市と人との距離感が近いことや自分のこととして都市を考えられることは、魅力的な空間、さらにはその先にある魅力的な都市をつくるうえで重要だ。都市空間はそんな都市と人との関係をつくる場所として機能すべきである。［なぎさのテラス］はびわ湖を眺めて暮らすという悦びを与えてくれる場所だ。それまでは距離が遠かったびわ湖をぐっと身近な存在にすることに成功している。このまちでなら楽しく暮らしていけそうだとか、この都市でなら自分の夢がかなえられそうだというような気分にさせてくれる都市空間こそ、生きた都市に〝希望を持った人々〟という血を送り出す心臓部だ。［なぎさのテラス］でリフレッシュした人たちが大津の中心市街地へと回遊していくことで、まち全体が活気づいている。

都市とはいつも人々の夢を育て、それを実現させていく場所でなければならない。と同時に、都市とは個人の幸福だけでなく、集団の幸福を追求すべきプランニングの対象でもある。都市空間をつくるということは、このような個人の幸福と集団の幸福とを調停し、すべての人々にまちへの期待感を抱かせるものでなければならない。その都市空間ができたことで、このまちはもっとよくなっていくという前向きな気分になれるような媒介効果が必要だ。しかし残念ながら、現在の都市空間は、どこのまちでも変わらない空間ばかりで、期待を寄せる手がかりを見出すことができないばかりか、喪失感を抱かされる空間があまりにも多い。**［仏生山まちぐるみ旅館］**を成り立たせているそれぞれの空間は、特に定まった方針やルールを持って統一的につくられてきたわけではないが、「まちぐるみ旅館」と呼ぶことよって、それらの空間が群としてつくり出す仏生山のイメージが生まれ、それがまち全体の魅力になっている。仏生山をまた訪れたいと思う理由は、一つひとつの空間にあるのではなく、まち全体からじわっと染みだしている空気感のようなものであり、このまちがさらにどうなっていくのかという変化に自分も立ち会ってみたいという期待感である。このように、都市空間がまちのイメージ形成に貢献したり、都市の将来像をリードしたりすることで、都市と人との関係が身近なものになり、まちに対する期待を高めることが可能となる。

オープンなまちの気分

都市が身近に感じられるかどうかの一つの尺度は、都市に対する参加の機会が開かれているかどうかである。既存の組織や地縁団体だけが既得権として都市に関わる権利を持っているという状況では、都市との距離は遠く感じられるだろう。だれにも等しく都市に関わるチャンスが開かれていることが、その都市に対する信頼感にもつながる。だれもが都市空間に関わりを持ち、さらにその空間を魅力的にしようとする試みを通じて、まちが少しずつよくなるという体験を得られることは、確実にまちに対する期待感を高めることにつながる。戸田市の**［おやすみ処ネットワーク］**は、通りにベンチを出すだけで、自分もまちづくりに参画できるという最も手軽なチャンスを提供している。大げさな仕掛けや十分に検討された手続きでなくとも、気軽に都市を変えることができるような機会が多いほど、そのまちは可能性に満ちた雰囲気を醸し出す。

さらに、都市空間が物理的にも社会的にもオープンな場所となることで、そこへ行けばだれかに出会える、という新しい交流の機会が開かれることになる。都市が活気ある魅力に満ちた場所であることの一つの源泉は、人と人との交流にある。都市空間で人と人が気軽にふれあい、時間と場所を共有し、新しい関係を築いていくことで、創造的な活動が生まれたり、包括的な人的ネットワークが形成されたりする。そしてこれによって、都市に新たな魅力がもたらされるのだ。

賑わい至上主義を超えて

このようなオープンなまちの気分は、都市空間の質によるところが大きい。行財政のコスト削減を目的に民間活力の導入が叫ばれるなか、賑わい至上主義ともいえる消費経済の論理に与した都市空間が増えている。都市空間が本来持つ意味は、なにも利用者数だけで測ることができるようなものではない。都市の本質的な魅力は、目先の経済的な活性化だけに依存していては生まれない。そこで魅力的な出来事に触れることができるかどうかによって、長い目で見れば経済的にも社会的にも持続可能な都市をつくることにつながる。都市のプランニングの重点をどこに置くのかを見誤ってはいけない。

都市空間が持つ公共性は、行政が担保するものではなく、オープンであることによって担保される時代になっている。公民連携による都市空間の整備では、賑わいや活性化が目標となるだけではなく、多様な人々のアクセスが確保されることや他者への配慮のもとの自由な振る舞いが許されるといった包容力を持つことも不可欠だ。特定の利用者を排除して顧客を囲い込むような都市空間では、公共性があるとは言えない。さらに、消費によって支えられる都市空間ばかりでは、フロー重視でその時の最適化だけが求められ、ストックとして将来へ価値を蓄積していくことについては後回しになりがちである。消費されつくされることのない持続可能な都市空間だけが都市への期待を受け止める場所となり得る。

外からの刺激より内からの期待を引き出す

また、物理的な空間の整備の視点だけでなく、まちづくりやマネジメントにおいても、その場しのぎの対症療法的なアプローチだけでは都市の持続性は担保できない。**〔仏生山まちぐるみ旅館〕**から学ぶべきは、地域の実力以上の過剰なプロモーションは、かえって地域をダメにするという意志だ。都市を活気づけるためのプランニングとは、外向きのPRで来訪者だけが喜ぶ空間をつくるということではない。大きなインパクトのある都市空間を即席につくりあげたとしても、人々の生活が追い付いていかなければ、単なる変化に過ぎない。その変化をプラスにするかマイナスにするかは、そこで暮らす人たちの生活に委ねられている。生活の延長線上に結果としてのまちの魅力を見出すような仕組みをプランニングしなければならない。そのまちに住むことに誇りと責任を持てるような、まちの内側へのPRで、人々の暮らしぶりを少しでも変えていくことができれば、そのまちに暮らす人の一生という継続性が確保された取り組みになる。大切なことは、そこに暮らす人たちの生活の中から、まちの未来をリアルに描き出すことだ。まちのためにやっているまちづくり活動を継続することは難しいが、日々の生活のためにやっていることがまちのためにもなっているというメカニズムをつくることで、持続可能なまちをつくることは可能である。

プランニングによって生み出されるまちの好ましい変化とは、少しでも確実にまちが魅力的になり続けるということである。それが生活のモチベーションになり、まちづくりの原動力になり、ひいてはまちそのものの持続性につながっていくのだ。

【参考文献】
・武田重昭(2015)パブリックスペースとパブリックライフの呼応―シビックプライドを育むための都市へのアプローチ『都市計画』64(5)、日本都市計画学会、pp.68-71
・岡潔(2016)『数学する人生』新潮社
・槇文彦(2017)『残像のモダニズム―「共感のヒューマニズム」をめざして』岩波書店

おわりに　都市の未来に対する期待と自負

〈仕事〉から〈空間〉へ

私たち〝都市空間のつくり方研究会〟は、〝次世代の「都市をつくる仕事」研究会〟の成果を踏まえながら、魅力的な都市はどのようにつくることができるのかを考え続けてきた。前書『いま、都市をつくる仕事』では、都市の魅力を生み出す〈仕事〉に視点をあて、これからの都市に対する関わり方を探った。学生や若い実務者に、都市に関わる可能性を提示できたことは何よりの喜びである。前書を読んで都市をつくる仕事に就くことを決めた学生も、いまや立派な専門家として活躍中である。その後も多くの人たちがさまざまな仕事を通じて都市との関わり方を開拓し続けていることこそが、魅力的な都市をつくる原動力になっていることに変わりはない。

一方で、前書では挑戦的な仕事を通じて生み出された〈空間〉の持つ特質が、どのようなものなのかについては十分に触れることができなかった。そこで本研究会では、都市へのさまざまなアプローチの結果として生み出された、一つひとつの小さな〈空間〉に焦点をあて、そのつくり方を分析することから魅力的な都市のつくり方を考えていくことにした。本書を通じて、若い世代が都市の未来に対して期待を持てるようになれば大変幸いである。

プロセスの持つ価値

まずは研究会で取り上げる空間を選定することからはじめた。メンバーそれぞれが都市を魅力的にしていると感じる空間を集め、議論を重ねていった。もちろん、はじめから明確な答えがあったわけではない。集められた空間を実際に歩き、それをつくり出してきた方々との対話のなかから、その空間と都市との関係を考えてきた。

確かに魅力的な空間は増えてきた。しかし、いくら空間の質がよくても、その魅力が敷地やエリアに閉じてしまっていては都市の変化は生まれない。研究会での議論を通じてわたしたちが実感したのは、魅力的な空間をつくるということは、結果としてできあがった空間が魅力的なだけでなく、つくり方そのものにさまざまな工夫が凝らされているということだ。魅力的な空間のつくり方には、その空間と都市との関係を築くプロセスが含まれている。本書で見てきた具体的な事例は、そのようにしてつくられてきた空間である。空間そのものが持つ価値はもちろんのこと、それらがつくられたプロセスにこそ大きな価値が隠されている。

それは本書のつくり方でも同じだ。研究会の成果としての本書そのものの価値とあわせて、議論を重ねたプロセスにも大きな価値があった。本書は2013年の研究会の発足以降、約6年間にわたる議論の成果をまとめたものである。本書の発行までには、大変長い時間がかかってしまった。当初の予

表1　都市空間のつくり方研究会　公開研究会（2013～2015年）

開催日	会場	対象空間	タイトル	ゲスト（敬称略）
2013年9月28日	KIITO ギャラリーC	KIITO	#01 都市の記憶、場のデザイン :未完を楽しむ港町のリノベーション	永田宏和（デザイン・クリエイティブセンター神戸） 本田　亙（神戸市 企画調整局 デザイン都市推進室） 高濱史子（+ft+/高濱史子建築設計事務所）
2013年10月25日	難波市民学習センター	浮庭橋	#02 多様な想いをつなぐ架け橋 :水辺空間づくりのターニングポイント	生嶋圭二（大阪市 都市計画局 開発調整部） 小松靖朋（大阪市 建設局 道路部 橋梁課） 萩森　薫（㈱日建設計 設計部） 内藤俊彦（鹿島建設㈱ 建築設計統括グループ）
2013年11月27日	旧大津公会堂3階ホール	なぎさのテラス	#03 湖畔に寄り添う小さなカフェ :素敵空間のエトセトラ	小西元昭（大津市役所 総務部 職員課、前㈱まちづくり大津）
2014年8月24日	きらっ都なら2Fホール	奈良町	#04 まちへの想いと活かし方 :多様なリノベーションとマネジメント	藤岡俊平（奈良町宿 紀寺の家） 南　哲朗（奈良町資料館） 中川直子（ならどっとFM）
2014年10月12日	つくるビル	五条界隈	#05 都市の谷間の魅力 :小さな拠点の集まり方	石川秀和（元 つくるビル） 魚谷繁礼（㈱魚谷繁礼建築研究所） サノワタル（いろいろデザイン）
2015年1月10日	篠山市民センター	丹波篠山	#06 農都・篠山 :古民家再生からなりわいと暮らしの再生へ	金野幸雄（一般社団法人ノオト） 横山宜致（丹波の森研究所） 谷垣友里（一般社団法人ROOT） 片平深雪（一般社団法人ROOT）

定から大幅にスケジュールが遅れたことで多くの方々にご迷惑をお掛けしたことを、この場を借りてお詫びしたい。一方で、長い時間をかけてきたからこそ、じっくりと議論を重ね、途中で目標を変化させながらも、たどり着いた一つの答えがここにある。しかし、本書の出版はゴールではない。これから本書が読者の手に渡ったあとに、どのように読者の役に立つかが研究会が考えたプランニングの本当の成果である。ぜひ、多くの方々に手に取っていただき、研究会の議論を追体験することで、空間と都市との関係を考えるプロセスを共有してもらいたい。読者のそれぞれの立場から、都市をプランニングする方法を見つけ出してもらえるのではないかと期待している。

対話から空間のつくり方を考える

本書の制作では、多くの方々にお世話になった。特に本書の起点となっている各事例に携わった方々には、さまざまな知見をご教示いただいた。研究会では、2013年9月から2015年1月にかけて、対話でつなぐ連続座論「都市空間のレシピ」と題した公開研究会を開催してきた。毎回一つの事例を対象に、現地に赴き、その空間のプランニングに携わった方々をお招きして議論を重ねてきた。1章で取り上げた事例の多くは、この公開研究会の成果をもとにしている。また、その他の空間についても研究会のメンバーが、実際にその空間に携わった方々の生の声から、つくり方のプロセスを丁寧に

表2　ヒアリング・資料提供などの協力者

対象空間	ヒアリング・資料提供などの協力者（敬称略）
なぎさのテラス	寺田智次（大津市生涯学習センター、前 大津市役所） 秋村　洋（㈱プラネットリビング、なぎさ WARMS）
道後温泉	松山市役所
みなと大通り公園	鹿児島市 建設局 都市計画部 都市景観課
KIITO	神戸市 企画調整局 創造都市推進部 デザイン・クリエイティブセンター神戸
まちなか防災空地	神戸市 住宅都市局計画部 まち再生推進課
みんなのひろば	松山市 都市整備部 都市デザイン課
浮庭橋	㈱住友倉庫 開発事業部 笠島明裕（㈱オペレーションファクトリー）
丹波篠山	佐古田直實（NPO 法人集落丸山）
北加賀屋	芝川能一（千島土地㈱） 北村智子（前 千島土地㈱） 家成俊勝（㈱ドットアーキテクツ）
姉小路界隈	谷口親平（姉小路界隈を考える会）
仏生山まちぐるみ旅館	岡　昇平（設計事務所岡昇平）
おやすみ処ネットワーク	金田好明（NPO 法人まち研究工房）
善光寺門前	宮本　圭（㈱シーンデザイン建築設計事務所）

ご教示いただいた。公開研究会をはじめ各事例でご協力をいただいた方々は表1、2に示した通りである。皆さまとの対話から生まれた至宝の言葉の数々が、この研究会の原動力となっていることに最大限の感謝の言葉をお返ししたい。

また、本研究会の設置を認めていただき、さまざまなサポートをしていただいた日本都市計画学会関係者の皆さまをはじめ、研究会のメンバーとしても活動をともにしながら編集にあたって多大なご尽力いただいた中木保代さま、岩切江津子さま、前書から引き続き素晴らしい装丁で本書の意図を表現していただいた原田祐馬さま、山副佳祐さま、その他これまで研究会にご参加いただいたすべての皆さま、数えきれない対話を通じて、本研究会を支えていただきまして本当にありがとうございました。

都市の未来は変えることができる

本書を書き終えて、わたしたちは都市の未来に大きな期待を抱いている。プランニングとは、それをはっきりと目に見えるように描き出していくプロセスのことだ。あなたは、いま、目の前にある空間に都市の未来を感じることができるだろうか？　たとえ賑やかな空間が見えていたとしても、都市に夢や希望が見出せなければ、都市はどんどん遠い存在になってしまう。わたしたちにできることは、小さな空間のつくり方を変えることで、都市の未来に期待を抱けるようにすることだ。

空間も都市もわたしたちのためのものである。そして、空間も都市もわたしたちがつくっていくものなのだ。都市の未来をつくるのはわたしたちである。そのために、いま、小さな空間から都市をプランニングすることが必要だ。

研究会を代表して　武田重昭

略歴

【編著】

武田重昭（たけだ・しげあき）　[担当：はじめに／1-⑦、⑪／3-⑥、⑩／おわりに]
大阪府立大学大学院生命環境科学研究科准教授。1975年生まれ。UR都市機構、兵庫県立人と自然の博物館を経て現職。博士（緑地環境科学）。技術士（建設部門）。登録ランドスケープアーキテクト。共著書に『いま、都市をつくる仕事』（2011、学芸出版社）、『都市を変える水辺アクション』（2015、学芸出版社）ほか。

佐久間康富（さくま・やすとみ）　[担当：1-⑤、⑧／2-序／3-序、3-②]
和歌山大学システム工学部准教授。1974年生まれ。早稲田大学大学院理工学研究科博士後期課程単位取得退学。㈱環境と造形、早稲田大学教育・総合科学学術院助手、大阪市立大学大学院講師などを経て現職。博士（工学）。共著書に『田園回帰の過去・現在・未来』（2016、農文教）、『無形学へ』（2017、水曜社）、『住み継がれる集落をつくる』（2017、学芸出版社）ほか。

阿部大輔（あべ・だいすけ）　[担当：1-③／2-1／3-①、③、⑤]
龍谷大学政策学部教授。1975年生まれ。早稲田大学理工学部土木工学科卒業、東京大学大学院工学系研究科都市工学専攻修士課程、博士課程修了。博士（工学）。政策研究大学院大学、東京大学都市持続再生研究センターを経て、現職。単著に『バルセロナ旧市街の再生戦略』（2009、学芸出版社）、共編著に『アーバンデザイン講座』（2018、彰国社）ほか。

杉崎和久（すぎさき・かずひさ）　[担当：1-⑩、⑭／2-2]
法政大学法学部教授。1973年生まれ。東京理科大学大学院理工学研究科建築学専攻修士課程修了、東京大学大学院工学系研究科都市工学専攻博士課程単位取得満期退学、㈶練馬区都市整備公社練馬まちづくりセンター、（公財）京都市景観・まちづくりセンターを経て、2014年より現職。

【著】

松本邦彦（まつもと・くにひこ）　[担当：1-①／3-⑧]
大阪大学大学院工学研究科環境・エネルギー工学専攻助教。1981年生まれ。大阪大学大学院工学研究科博士後期課程修了後、2009年より㈱スペースビジョン研究所勤務を経て、2013年より現職。博士（工学）。

髙木尚哉（たかぎ・なおや）　[担当：1-①]
フリーランスエンジニア兼ユーザー系SI企業勤務。1990年生まれ。大阪市立大学大学院工学研究科都市系専攻修了。都市、建築空間への数理工学やデータサイエンスの手法を用いた研究開発に取り組む。現在はデータ分析、同基盤システムの構築を行う傍ら、フリーランスとして学会活動やシステム開発に携わる。

有田義隆（ありた・よしたか）　[担当：1-②]
パシフィックコンサルタンツ㈱。1973年生まれ。大阪府立大学大学院農学生命科学研究科修了。㈱朝平都市計画事務所を経て現職。計画・設計から事業化・運営まで一連の流れを意識した官民連携業務に奮闘中。技術士（建設部門）。共著書に『いま、都市をつくる仕事』（2011、学芸出版社）。

栗山尚子（くりやま・なおこ）　[担当：1-④／3-④]
神戸大学大学院工学研究科准教授。1977年生まれ。神戸大学工学部助手、助教を経て現職。博士（工学）、一級建築士。共著書に『いま、都市をつくる仕事』（2011、学芸出版社）、『景観計画の実践』（2017、森北出版株式会社）ほか。

石原凌河（いしはら・りょうが）　[担当：1-④／3-⑦]
龍谷大学政策学部准教授。1987年生まれ。関西学院大学総合政策学部卒業、大阪大学大学院工学研究科博士後期課程修了。大阪府立大学、人と防災未来センター、龍谷大学講師を経て現職。災害の記憶継承や地域防災の研究や実践、公共空間の活用とリスクの折り合いに取組む。

片岡由香（かたおか・ゆか）　[担当：1-⑥]
愛媛大学社会共創学部環境デザイン学科助教、松山アーバンデザインセンターディレクター。1983年生まれ。京都大学大学院都市環境工学専攻博士後期課程修了。公民学連携による空間デザインやマネジメント、まちづくりの担い手育成など実践的研究に取組む。

白石将生（しらいし・まさお）　[担当：1-⑨、⑮]
昭和㈱関西技術室上席主任。1982年生まれ。大阪工業大学大学院工学研究科建築学専攻修了。コンパクトシティ形成の計画策定支援をはじめとする都市計画関連業務、地区レベルのまちづくり計画支援、エリアマネジメントの取組み支援の業務に携わる。

吉田 哲（よしだ・てつ）　[担当：1-⑫／3-⑨]
京都大学大学院工学研究科建築学専攻准教授。1968年生まれ。建築計画学。博士（工学）、一級建築士。共著書に『建築MAP京都』（1998、TOTO出版）、『Toward Sustainable Urban Infrastructure in East Asia (Urban Environment 4)』（2014、京都大学学術出版会）ほか。

山崎義人（やまざき・よしと）　[担当：1-⑬]
東洋大学国際学部国際地域学科教授。1972年生まれ。早稲田大学大学院修了。博士（工学）。早大助手、神戸大学COE研究員、兵庫県立大学講師、同大学院准教授等を経て現職。共著書に『住み継がれる集落をつくる』（2017、学芸出版社）、『いま、都市をつくる仕事』（2011、学芸出版社）、『無形学へ』（2017、水曜社）、共訳に『リジリエント・シティ』（2014、クリエイツかもがわ）ほか。

松宮未来子（まつみや・みきこ）　[担当：1-⑬]
コトブキ荘代表管理人。1985年生まれ。京都造形芸術大学大学院環境デザイン領域建築デザイン分野修了。京都の環境デザインスタジオ7＋4退職後、石橋設計・豊岡劇場再生プロジェクトを経て2016年より現職。豊岡を中心に様々なイベントプロデュースにも携わる。

片桐新之介（かたぎり・しんのすけ）　[担当：1-⑮]
京都文教短期大学フードツーリズム講師。2001年慶応義塾大学総合政策学部卒。阪急百貨店食品部・経営企画、奈良市中活協議会タウンマネージャーなどを経て、現在は街づくり政策、地域の創業支援、6次産業化プランナーとして地域農水産物のマーケティングや営業等に携わる。

南 愛（みなみ・まな）　[担当：1-⑮]
生駒市役所都市計画課。1988年生まれ。大阪大学大学院工学研究科修了後、現職。都市計画マスタープラン改定、地区計画策定、地域ワークショップ企画、都市構造評価などを担当。

穂苅耕介（ほかり・こうすけ）　[担当：1-⑯]
豊橋技術科学大学特任助教。1981年生まれ。芝浦工業大学システム工学部卒業、千葉大学大学院都市環境システム専攻修了、京都大学大学院都市環境工学専攻修了。博士（工学）。大学非常勤講師や研究員などを経て2016年より現職。専門は、都市・地域計画。

【その他研究会メンバー】

青木嵩
井爪康夫
岩切江津子
上林恭子
奥田砂由里
垣尾俊彰
塩山沙弥香
島田裕介
杉本悠真
高木顕一郎
谷内久美子
鄭英柱
津組達哉
冨田泉
中井諒
中木保代
中村茜
楢侑子
新美真穂
西尾陽平
西田沙妃
福本充益
山根彩香
依藤智子

小さな空間から都市をプランニングする

2019年 5月1日　第1版第1刷発行

編　者…………日本都市計画学会
都市空間のつくり方研究会

編著者…………武田重昭・佐久間康富・阿部大輔・杉崎和久

著　者…………松本邦彦・髙木尚哉・有田義隆・栗山尚子・石原凌河・
片岡由香・白石将生・吉田 哲・山崎義人・
松宮未来子・片桐新之介・南 愛・穂苅耕介

発行者…………前田裕資

発行所…………株式会社学芸出版社
京都市下京区木津屋橋通西洞院東入
電話 075－343－0811　〒600－8216
http://www.gakugei-pub.jp/　mail info@gakugei-pub.jp

装丁・デザイン…UMA/design farm 原田祐馬・山副佳祐

印　刷…………イチダ写真製版

製　本…………山崎紙工

ISBN 978－4－7615－2698－6